生态审美经验问题研究

——从现象学的视野出发

安 博 著

山东大学出版社

图书在版编目(CIP)数据

生态审美经验问题研究:从现象学的视野出发/安博著.
—济南:山东大学出版社,2018.9
ISBN 978-7-5607-6198-5

Ⅰ.①生…　Ⅱ.①安…　Ⅲ.①生态学-美学-研究
Ⅳ.①Q14-05

中国版本图书馆 CIP 数据核字(2018)第 229731 号

责任策划:李孝德
责任编辑:李孝德
封面设计:牛　钧

出版发行:山东大学出版社
　　　　　社　　址　山东省济南市山大南路 20 号
　　　　　邮　　编　250100
　　　　　电　　话　市场部(0531)88363008
经　　销:山东省新华书店
印　　刷:济南景升印业有限公司
规　　格:720 毫米×1000 毫米　1/16
　　　　　13 印张　204 千字
版　　次:2018 年 9 月第 1 版
印　　次:2018 年 9 月第 1 次印刷
定　　价:30.00 元

　　本书受"中央高校基本科研业务费专项资金"资助（Supported by the Fundamental Research Funds For the Central Universities），系陕西师范大学研究生创新基金博士重点项目"生态审美经验研究"（项目编号：2016CBZ013）的结项成果。

序 言

　　本书首先对生态美学的学科发展进行了简要梳理与回顾,并指出了审美经验问题研究在当下生态美学研究中的意义。接着,针对生态美学中对生态美感经验研究的不足,立足于生态存在论美学观和生态现象学的方法,从身体感知、审美直观和生命体验三个维度论述了生态审美经验的生发过程。本书有以下三个特色:其一,提出生态审美经验在生态美学研究中的基础地位与重要作用;其二,以生态存在论美学观为理论基础,引入现象学的方法研究生态审美经验的发生过程;其三,结合具体的生态审美体验案例,将实际生态审美体验融入到对生态审美经验的描述阐释之中,体现了生态美学审美的实践性特征。

　　从基本立场来说,我们认为对生态审美经验的研究应牢牢建立在生态存在论美学观的基础之上。生态存在论是以海德格尔存在论哲学为理论指导,研究生态系统之审美的新型态的美学理论,其带给我们研究生态审美经验的启示便是生态美感是发生"在此在世界中存在"、人与自然在人的实际生存中结缘的关系性存在之下的。这意味着对生态审美经验问题的研究不能走传统认识论的老路,因为生态之美不是一种实体化的、可以被静观的"本质",而是一种在天、地、神、人四方游戏的动态结构中生发的具有生成性、参与性的动态美感经验。

从研究方法来看,我们认为必须从现象学"面向事情本身"的方法入手,来描述与阐释生态审美经验的具体发生过程。这是因为现象学从现象出发,通过对现成观念和意义的"悬隔",以描述与阐释的方法获得对事物本质的直观的方法与生态审美中从对具体自然物的感知到对生态系统的审美化把握的过程是一致的。现象学方法对于研究生态审美经验的启示在于:只有在"悬隔"掉人对生态自然的认识关系之后,重新回到自然与人的原初存在关系之上,我们才能在这种存在论基础上重新建构出自然对于我们的意义,发现人在自然界中的审美化生存模式。"我们只有凭借这种'生态现象学方法'才能超越物欲进入与自然平等对话、共生共存的审美境界。"①

从具体的生态审美经验发生过程来看,生态审美由身体感知、审美直观与生命体验三个有机组成部分构成。首先,生态美感经验的产生起始于身体对具体自然环境的感知。这里的身体不再是传统哲学中动物性的存在,而是梅洛－庞蒂知觉现象学意义上的"身体－主体",其是感官联觉、肉身与精神的统一并具有意向性的功能。与此对应,这里的自然环境也不是一个静止不动的被感知要素,而是现象场中所有可被感知物联合在一起的视域背景。其次,在生态审美经验中,"身体－物体－背景"的感知方式意味着自然景物总是存在一种被感知的内在性与超出感知之外的超越性的张力,而人们必须发挥审美直观的作用才能把对具体的自然事物的感知上升到对超越并统摄它们的生态系统的把握。通过对胡塞尔的直观方法的借鉴,我们在生态审美体验中可以由木见林,通过联想、类比、回忆和期待等手段将当下身体感知的背景视域不断延伸,继而在当下视域与其他时空视域的关联下发现作为普全视域的生态世界的存在。最后,对生态世界的发现不是认识过程,而是海德格尔存在论意义上的生命体验过程。从生态审美的角度来看,"此在的在世之在"建立了人与自然须臾难易分离的生存模式,在这种共在的关系中,人既同其他生物平等共存,但又是其他存在者的照料者。正是在这种与自然事物的结缘关系中,人才能领会生态世界中万物的和谐统一和生物的多样存在之美,并在这种情感化的体验中领悟人自身的存在意义。

---

① 曾繁仁:《生态现象学方法与生态存在论审美观》,《上海师范大学学报》(哲学社会科学版)2011年第1期。

目　录

第一章
生态美学的产生与发展

从 21 世纪伊始至今,生态美学作为一门交叉学科已成为我国美学研究的热点之一,其愈来愈受到诸多学者与广大社会各界人士的关注。而生态美学之所以能成为一门显学,这不仅仅是因为生态美学具有强烈的现实关怀意义与丰富的审美内涵,更是因为生态美学作为一种新形态的美学理论体系乃是由中国学术界首创并已丰富完善。正如汝信先生所言:"生态美学的提出是我国学术界的首创,正好弥补了生态研究的一个空白,无论是在理论上或是实践上都是具有现实意义的。"[1]

首先,从实践的角度来看,人们的现实生存状态呼吁良性的生态环境。当下我国生态环境问题日益加剧,雾霾、沙尘暴、泥石流、水污染、重金属污染等问题已经严重影响到人们的正常生活,人们对恶劣的生态环境日益产生反感之情的同时也渴望在良好的生态环境中生活并获得一种美的、愉悦的体验。所有美学研究者几乎不能否认的是,生态审美是人的存在的一个重要组成部分,人对自然生态的亲和与热爱是人的本性的重要组成部分,生态美学与人的"存在"息

---

[1] 曾繁仁:《转型期的中国美学》,商务印书馆 2007 年版,第 7 页。

息相关。这就意味着生态美学不仅进行着专业理论化学术生产,而且还指导着人"诗意的栖居"。因此,生态美学的现实意义就在于以审美的方式唤醒人们的生态意识,从而促进人与自然的和谐相处。

其次,从理论建设的角度来看,对生态美学的研究也有利于助推我国美学学科向前发展。我国美学学科的发展长期拘囿于认识论模式之下,使得其理论构架与文艺发展乃至于生活需要相去渐远。而现代西方美学发展思潮给我们的启示就是美学研究已经从重视"美的本质"问题转向了关于具体的审美现象问题的研究。当下我国美学学科的发展在越过"实践美学"的高峰之后正呈现出多元化发展的态势,审美的泛化或者审美的生活化与当代人的生存方式遥相呼应。因此,传统的审美形态表述已经不适用于这些新兴的美学学科领域(如生态美学、科技美学、生活美学、审美文化学等),研究这些新兴的学科领域要用新的理论方法去研究该领域所特有的审美现象。生态美学中关于生态系统的审美问题研究就是其中一例。这样做不仅有利于新兴学科领域的自身发展,而且还推动了美学学科本身的繁荣昌盛。

生态美学正是在实践与理论上的双重意义才使得其学科的发展蓬勃向前。本章节基于实践与理论双重维度,拟对我国生态美学的学科发展做出勾勒。首先,我们从资本主义的社会发展历史、中国美学学科的发展历程与我国社会主义背景下的环保政策等因素出发,描绘生态美学诞生的时代背景。其次,从生态美学的交叉学科以及马克思主义思想、西方哲学理论与中国传统古典美学思想资源着手,发掘生态美学的建构所依赖的理论资源。最后,本章还对中国当代生态美学的发展历程进行了梳理。

第一节　生态美学诞生的背景

从实践的角度来看,生态美学不是学科内部闭门造车的产物,它不仅从诸如生态学、环境学、生态哲学、环境美学等相关学科的蓬勃发展中汲取了理论资源,而且还与人类现实的社会历史发展以及我国社会主义建设的时代主题息息相关。因此,对生态美学的诞生背景分析,就要从历史、学科以及时代背景三个方面着手:

1. 生态美学诞生的历史背景

马克思认为："物质生活的生产方式制约着整个社会生活、政治生活和精神生活的过程。不是人们的意识决定了人们的存在，相反，是人们的社会存在决定人们的意识。"①生态美学作为一种观念的上层建筑，它的诞生不是凭借某个头脑的天才思维，而是与工业文明时代中社会生产力的发展息息相关的。只有从其产生的社会历史背景分析着手，我们才能真正理解生态美学所独有的实践品质。

进入20世纪中叶后，资本主义制度已经由19世纪的帝国主义对殖民地国家和地区的原材料掠夺模式转变成了由跨国公司为主导、以消费带动生产的全球化流水线作业模式。这种"福特式"的新生产方式通过更加细致的社会分工，极大地提升了资本主义社会的生产力，在为发达国家的民众带来丰富的物质产品的同时，也加剧了对富含自然资源地区的过度开采以及对工业发达地区的生态环境破坏，从而在全球范围内带来了一系列的环境污染问题。诚如法国前教育部长克莱德·阿莱格尔所说的那样，随着生产力的巨大发展，人类的力量已经成为超越自然存在而对地表形态塑造起着决定性作用的力量（如核武器），人类已经"成为一个超强地质因素，其行为严重扰乱了已经坚持了40亿年的地质史的著名的'动态平衡'"②。而20世纪一次次环保危机的爆发，在用血淋淋的事实为人类社会的这种生产—消费模式敲响了警钟：比利时1930年发生的马斯河谷事件是20世纪最早的环境公害事件，当地工厂排放的有害气体和煤烟粉尘在短短一星期内就夺走了60多人的生命。而在随后的几十年中，又相继在全球各地发生了诸如美国1943年洛杉矶光化学烟雾事件、1948年多诺拉事件，1952年英国伦敦烟雾事件，以及日本60年代水误事件、神东川的骨痛病事件、四日市事件和米糠油事件等。这一系列的环境公害事件在损害人的生命健康的同时，也对我们赖以生存的地表环境造成了不可逆转的损害，如切尔诺贝利事件导致核电厂方圆30公里范围的广大地区时至今日仍被划为无人区。

面对这些因人类发展不平衡所造成的环境危机，西方的知识分子并没有坐

---

① 《马克思恩格斯选集》第2卷，人民出版社1995年版，第82页。
② ［法］克莱德·阿莱格尔：《城市生态，乡村生态》，陆亚东译，商务印书馆2003年版，第29页。

以待毙,他们积极展开了对现代资本主义生产方式对生态环境造成破坏的反思,于是才有了20世纪后半叶在西方社会掀起的风起云涌的环境保护运动。

在这些环保运动中,最具代表性的事件无疑是美国海洋生物学家莱切尔·卡逊在1962年出版的震惊美国社会的《寂静的春天》。在该书中,卡逊通过对当时北美地区因农业种植而大量使用的DDT杀虫剂(双对氯苯基三氯乙烷)的实证调查,发现了其对土壤和大气所造成的巨大破坏。该书一经出版就引起了美国社会各界人士的广泛讨论(如环保人士和农药生产商利益集团),并引发了美国相关环境保护法律政策的制定。卡逊女士也因其先进的环保理念和不畏强权的斗争精神,成为了美国民众心目中的英雄,其"以自己的笔触唤起民众对生态问题的高度注意"①。

在本书中,莱切尔·卡逊不仅揭露了人类因滥用化学农药而对自然平衡所造成的破坏,而且还对人类因科技的发展所拥有的破坏性力量进行了反思。她认为,人类因自身力量的增强而妄想控制自然的做法"是一个妄自尊大的想象产物,是当生物学和哲学还处于低级幼稚阶段的产物,当时人们设想中的控制自然就是要求大自然为人们的方便有利而存在。运用昆虫学的这些概念和做法在很大程度上应归咎于科学上的蒙昧。这样一门如此原始的科学却已经用最现代化、最可怕的武器武装起来,这些武器在被用来对付昆虫之余,已经转过来威胁到我们整个的大地了,这正是我们巨大的不幸"②。而人类试图控制自然的做法在作者莱切尔·卡逊看来则是源于资本主义社会追求利润最大化的结果。在书的最后,她警告我们,人类的社会发展正处在一个交叉路口,我们既可以沿着资本家以追求利润而牺牲环境为代价换来经济效益的道路,从而在灾难的终点戛然而止;也可以走另一天通过环保的努力改变生产方式,抓住"唯一的机会让我们保护我们的地球"的道路。

如果说莱切尔·卡逊以个人对抗农药生产商利益集团的行动仅仅是环保理念的萌芽的话,那么罗马俱乐部的创立则标志着跨国、跨地区的全球范围内的环保行动的开端。在成立之初,罗马俱乐部就秉承了创始人奥雷里奥·贝切伊的国际化、非政府化、去意识形态化、不为任何国家和政党利益服务的宗旨,

① 李培超:《伦理拓展主义的颠覆:西方环境思潮研究》,湖南师范大学出版社2004年版,第115页。

② [美]莱切尔·卡逊:《寂静的春天》,吕瑞兰译,吉林人民出版社1999年版,第203页。

从而以客观中立的态度为全球的环保行动提供咨询服务。截至目前,罗马俱乐部共有来自 40 多个国家的近 100 余名代表,他们对当前全球关于人口、能源、粮食、环保等问题进行了多方面、跨学科的调查研究,为国际社会开展跨国的环保行动提供了理论支持。其于 1972 年发布的科学报告《增长的极限》就是一典例。

在该报告中,来自麻省理工大学的四位科学家以翔实数据分析方式向我们展现出了人类在地球上无限制的增长所可能带来的严重后果。"人类已经超出了地球环境的承载能力,但人类有足够的时间,甚至在全球范围内,进行反思,作出选择,并采取行动进行矫正。"[1]报告认为,与过去人类社会进行的农业革命和工业革命一样,当今社会正面临着一场新的"可持续发展的革命"。这种在人类史上发生的第三次变革,针对的正是资本主义社会当下的发展模式的改进,它有以下特点:

(1)这是一场在消费社会中使人保持物质生活"适度"消费的革命。

(2)这是一场以可持续、有效率、充裕,平等、美好和共有作为全社会最高价值观的革命。

(3)这场革命视经济为环境福利服务的手段而不是目的,其旨在建立一个可持续循环发展的社会发展模式以便让人类社会与地球生态系统的循环融为一体。

该报告倡导一种"够了就行"的生活模式,以便与以美国为代表的资本主义消费文化的生活方式相对抗。因此,在出版之初就受到了多方面的抵制,但随着人们环保意识的逐渐加强以及该报告所预言的未来前景不断被证实,此报告已成为人类建设工业文明之后的生态文明所依赖的重要参考依据。截至目前,该书已更新至第 3 版(2004 年版)。30 年来,科学家们通过不断地更新数据与实验结果,为我们证明了地球的极限是真实存在的,人们只有改变自身的生产生活方式才能将人类社会"持续地演进到一个对绝大多数人来说都更加美好的世界"。

从以上案例我们可以看出,西方环保人士对环境公害事件产生的原因已达成共识——生态危机与环境污染是伴随着人类科学技术的进步以及人类对自

---

① [美]德内拉·梅多斯:《增长的极限》,李涛、王智勇译,机械工业出版社 2006 年版,第 5 页。

然的过度开发和利用而产生的。但他们中的绝大多数却认为,环境公害事件只是科学发展不成熟或应用不恰当的表现,并主张发展更加成熟与进步的科技手段用来彻底治理这些污染问题。与这些唯科学主义拥簇者相比,早在 100 多年前,马克思就看出了人类对自然的过度开采与利用不仅是一个科技发展的问题,更是一个社会发展问题。科学技术只是生产力的一种表现形式而已,只有通过对不同社会的生产方式与生产力之间的关系分析,才能找到环境公害问题的真正原因。"因为只有在社会中,自然界对人来说才是人与人联系的纽带,才是他为别人的存在和别人为他的存在,才是人的现实的生活要素;只有在社会中,自然界才是人自己的人的存在的基础。只有在社会中,人的自然存在对他来说才是他的人的存在,而自然界对他来说才成为人。因此,社会是人同自然界完成了的本质的统一。"①对生态环境问题的分析只有放置到社会生产模式中,才能得到一种辩证唯物主义的解释。近现代的文明社会的进步得益于资本主义社会对生产力的巨大发展,正如马克思所说:"资产阶级在它的不到一百年的阶级统治中所创造的生产力,比过去一切世代创造的生产力还要多,还要大……过去哪一个世纪能够料到有这样的生产力潜伏在社会劳动里呢?"②但生产力的发展同样也使现代人陷入了一种工具理性的思维方式中而不能自拔。

在马克思·韦伯看来,"近代欧洲文明的一切成果都是理性主义的产物,只有在合理性的行为方式和思维方式的支配下,才会产生出经过推理证明的数理逻辑和通过理性实验的实证自然科学,才会相应地产生出合理性的法律、社会行政管理体制以及合理性的社会劳动组织形式——资本主义制度,社会生活的本质特征是一切行动以工具理性为取向"③。所谓的"工具理性"是指能够以计算和预估后果为条件来实现人的主观目的的能力,其看重的是手段达成目的的可能性。这样的一种能力在资本主义发展的进程中逐渐"异化",违背了韦伯所言的"资本主义精神",变成了资本家通过精密的理性计算而把社会(包括自然)的一切价值全盘利润化而为自身营利的一种工具。这种工具理性将主体与客体分开,视客体为一种只有商品价值的被主体所用(或待用)的产品。从人与自然的关系上讲,工具理性使人们对待自然事物不再像农业文明时期那样抱有

---

① 《马克思恩格斯全集》第 42 卷,人民出版社 1979 年版,第 121~122 页。
② 《马克思恩格斯全集》第 1 卷,人民出版社 1972 年版,第 255~256 页。
③ 苏国勋:《理性化及其限制——韦伯思想引论》,上海人民出版社 1988 年版,第 91 页。

一种神秘感与敬畏感,而是仅仅把它们当作一种商品的原材料予以看待,这即是"对世界的祛魅"。这种做法导致自然被看作是僵死的东西,其不再具有自身的价值的实体,而仅仅被视为归属于不同国家、集团或个人的财产而已。从泛灵论自然观到机械论自然观的转变,使人们不再珍惜与感恩来自于自然的馈赠,而把这些自然资源理所应当地看作是自己的劳动所得。而随着资本主义向消费社会的转变,"商品的积累导致了交换价值的胜利,工具理性计算在生活之各个方面都成为可能,所有本质差异、文化传统与质的问题,都转化为量的问题"①。而通过礼物、供祭、消费竞赛、炫耀型消费而显现自身存在的当代资本主义社会就更加强了对"无生命化"的自然开采与掠夺。

生态美学的诞生则是对以工具理性为基础所建立的机械论自然观的反思,其认为忽视自然环境的自身价值而仅仅考量其的经济价值才是造成环境污染与生态危机的根本原因。而生态美学的任务就是通过审美的方式唤醒被人们遗忘了的关于大自然的价值属性,从而在主体情感的层面改变人与自然利用与被利用的关系。

2. 生态美学诞生的学科背景

具有现代学科形态意义上的"美学"是在 20 世纪初经由王国维、朱光潜、范寿康、张竞生、蔡仪等学者由西方引入中国的。② 因此,在学科建立伊始就决定了我国美学学科以吸取西方理论为主的话语模式。在中华人民共和国成立后,特别是在完成三大改造之后,经济基础已和以往的社会的形态完全不同,所以与经济基础相适应的上层建筑也需要打破西方话语垄断的模式,重新构建符合我国国情的新意识形态。在当时的时代背景下,美学因其特有的人文内涵与远离政治话语的属性而为学界乃至社会所广泛关注。"美学家们也满怀新的理想与信念,试图创造一种与新的政治、经济、文化和艺术发展的时代特点相应的美学理论体系,美学大讨论就是在这样的背景中应运而生。"③其后,在经历了 80

---

① [英]迈克·费瑟斯通:《消费文化与后现代主义》,刘精明译,译林出版社 2000 年版,第 19 页。

② 在这之前,中国传统文化中并无"学科"这一概念,美学思想资源只是零散的见诸各种诗论、画论、文论以及哲学论述中。

③ 谭好哲:《二十世纪五六十年代美学大讨论的学术意义》,《清华大学学报》(哲学社会科学版) 2012 年第 3 期。

年代美学的第二次热潮后,经过李泽厚、朱光潜、刘纲纪、蔡仪、高尔泰等学者的讨论与建构,最终在吸收了马克思关于"人的本质力量的对象化""自然的人化"等相关论述后,确立了以马克思主义哲学中的"实践"概念为核心范畴的"实践美学"的美学学科形态。

实践美学萌芽于"美学大讨论"时期。当时因政治环境因素的影响,美学学科的建设者们都在自觉不自觉地以马克思主义哲学观武装自己,并继而形成了蔡仪、李泽厚、朱光潜和吕莹(还有后来的高尔泰)等学者围绕"美的本质"的唯物/唯心属性而展开的激烈论战。在这其中,李泽厚因率先引入《巴黎手稿》中马克思关于"自然的人化"对美的本质问题的分析并坚持"美是客观性和社会性的统一"的观点,从而在这场讨论中脱颖而出,成为了支持者最多的一派。在经历了"文化大革命"期间的中断后,第二次"美学热"的论争各方在吸收了人道主义的合理因素后,纷纷转向了对青年马克思的手稿研究,期冀从这些人道主义的论述片段中找到支持自己观点的论据。李泽厚在充实"自然的人化说"说的基础上,又提出了"积淀说",从而弥补了其理论关于美是如何从人类劳动转变为个体精神的审美感受过程的短板。朱光潜也将马克思的"实践"概念引入其理论,并认为艺术创作与劳动同属于实践范围,从而为自己的"美是主客观的统一"说奠定了唯物主义基础。此外,刘纲纪、蒋孔阳等学者也纷纷从"实践"概念出发,提出了自己对"美的本质"的理解。总体而言,实践美学以马克思的劳动理论为学理依托,以类本质的人的实践活动作为美的本质的逻辑起点,认为美是人类社会历史实践的产物,是人的本质力量的对象化,具有自由创造的性质等。"综合半个世纪以来实践美学的发展历程和实践美学各主要代表人物的理论观点,可以看到实践美学始终将实践作为美学的基本范畴和逻辑起点,强调审美的社会性和物质性。"[1]虽然各学派对"实践"的内涵与外延的理解有所差异,但"实践"已成为诸多学者摆脱西方理论话语模式、构建中国特色美学理论的突破口之所在,而实践美学也成了当代中国最具生命力和理论内涵的美学流派。对随后涌现的后实践美学、新实践美学、审美文化学、日常生活审美化以及生态美学等新的研究热点进行追根溯源,都离不开与实践美学的对话互动。

首先,从实践美学与中国美学学科的整体关系来看,实践美学过于强调美

---

[1] 朱志荣:《论实践美学发展的必然性》,《湖北大学学报》(哲学社会科学版)2008年第3期。

的社会属性并将审美的发生(源于实践劳动)等同于美的本质的做法,忽视了审美活动的精神品质与个人感受,这就为随后的美学理论提供了从认识论到存在论、从美的本美研究到美的现象研究的话语空间,于是才有了 20 世纪 90 年代异军突起的后实践美学(以杨春时的超越美学和潘知常的生命美学为代表)对其的反思与批判。在后实践美学的冲击下,实践美学阵营内部也逐渐发生了分化并继而产生了新实践美学。无论是后实践美学对人的主体性和精神性的弘扬,还是李泽厚后期以中国传统哲学思想为依托的"情本体"的提出,或是以朱立元、张玉能、邓晓芒、易中天等为代表的主张从存在论角度对实践美学的补充与完善,从个体的、活生生的人的独特审美体验出发,而非从美的人类社会起源着手,思考审美活动的本质与现象已成为这些学者们所达成的共识。

"生态美学在中国的提出也与 20 世纪 90 年代开始的美学转向有关。"①一方面,生态美学是对实践美学体系的扩充与发展。实践美学的代表李泽厚在《美学四讲》中认为:"哲学、美学不应也不会定于一尊,从而,可以也应该有从各种不同的角度、层次、途径、方法出发和行进的美学,有各种不同的美学。这不仅是理论的不同,而且还是类型、形态的不同。"②在李泽厚看来,美学可分为哲学美学、理论美学、应用美学组合而成的开放家族,对美的研究不必拘泥于对美的本质的定义上。而生态美学的产生发展正是沿着李泽厚开拓应用美学的思路,对实践美学体系的一种"继续说"。但实践美学与生态美学的关系,并不是如李泽厚所说的那样是美的本质的哲学探究与具体的审美经验活动分析的从属关系。同后实践美学、新实践美学、审美文化、日常生活审美化等美学研究热点的兴起一样,生态美学也是在越过实践美学的理论高峰后,经由与实践美学的对话而开辟出来的一个全新美学研究领域。另一方面,生态美学所坚持的存在论治学主张也对实践美学的认识论倾向作出了理论上的纠正。实践美学把"美"视为"人的本质力量的对象化",并试图在人类劳动中寻找审美发生的本体论做法,实则违背了马克思在《关于费尔巴哈的提纲》所言的应从"感性的人的活动去理解事物"的本意。"实践论美学力主美的本质的客观论。这是一种传统的以主客二分为基础的本质主义的命题,属于科学认识的范围,而不属于

---

① 曾繁仁:《生态美学:后现代语境下崭新的生态存在论美学观》,《陕西师范大学学报》(哲学社会科学版)2002 年第 3 期。
② 李泽厚:《美学四讲》,广西师范大学出版社 2001 年版,第 15 页。

美学的范围。"①李泽厚等学者坚持认为美学的基本问题是认识论问题的观点，在将实践美学带到主客二分认识论、"美是什么"的本质论的研究死角的同时，也激起了张法、李志宏等学者从分析哲学出发，对美的本质的消解的反本质主义论断。生态美学虽没有参与本质主义与反本质主义的论争，但生态美学以人与自然的生态审美关系为出发点，力求突破、超越人类中心主义与传统认识论的藩篱，致力于在当代生态文明的视野中构建一种包含着生态整体主义原则的当代存在论审美观的做法，通过对审美活动分析的强调，也完成了对实践美学中本质主义认识论倾向的反思与超越。

其次，从实践美学的内部发展逻辑来看，其也必然包含着生态审美维度。实践美学从马克思关于"自然的人化"观点出发，引申出了审美的发生过程。马克思在《1844 年经济学哲学手稿》中认为："随着对象性的现实在社会中对人说来到成为人的本质力量的现实，成为人的现实，因而成为人自己的本质力量的现实，一切对象对他来说也就成为了他自身的对象化，成为确证和实现他的个性的对象，成为他的对象，这就是说，对象成为了他自身。"②实践美学认为通过"人的本质力量对象化"，实践使得一些客观事物的性能、形式具有审美的性质，而最终成为审美对象。人类在改造客观自然的社会实践中，既要遵循自然界的客观规律的真，又要使实践成果符合人类社会需求的善。通过制作和使用工具从事劳动生产，将本属于荒野自然的自然物变成一种社会属性的生产资料，即是"自然的人化"，而"人的自然化"则是具有社会属性的人在改造自然的过程中，"自然的本质和规律内化为人的知识和智力等本质力量，实现人的自我塑造，使人的本质日益完善，使自己的认识和行为更加合乎客观规律"③。其是"自然的人化"的对应物，自然事物的合目的性（真成了善的内容）构成了社会美，而实践活动的合规律性（善成了真的内容）则产生了自然美。李泽厚将"人的自然化"分为"硬件"与"软件"两方面：所谓"硬件"是指人的外在自然化。"包括人移居山林，与山川、草木、花鸟为友，包括人在大自然中的旅游和冒险，这些都是为了充分享受和发展人的自然生命和生存。其次是人的体育锻炼与竞技，以追求和实现人的体力可能性的最大自然限度。最后，似乎相当神秘，是

---

① 曾繁仁：《试论当代存在论美学观》，《文学评论》2003 年第 3 期。

② ［德］马克思：《1844 年经济学哲学手稿》，人民出版社 1985 年版，第 82 页。

③ 徐碧辉：《从实践美学看"生态美学"》，《哲学研究》2005 年第 9 期。

通过气功、瑜伽等方式,使人的生物生理存在与自然节律相共鸣、相同构。"而"软件"则是美学问题,"它指的是本自人化、社会化了的心理、精神又返回到自然去,以构成人类文化心理结构中的自由享受"①。

生态视域中实践美学关于"自然的人化"与"人化的自然"的论述是人类社会活动与自然生态规律的统一,是"人的实现了的自然主义和自然界的实现了的人道主义",是人与自然成为一个有机整体从而实现人的自由活动的突破口。"自然对人类走出自我而'自然化'的律令将成为情感新的内容。"②这种人对自然的和谐统一所产生的敬畏的情感,便是生态美学研究的核心内容之一。虽然对生态美学是否是实践美学的组成部分还存有争论。究竟生态美学是实践美学研究的一个分支,还是其已全面超越并替代了实践美学还有待商榷,但生态美学是在吸收了实践美学的合理因素后才产生的这一观点却是毋庸置疑的。李泽厚关于"人的自然化"的论述已包含着对生态审美的萌芽,但由于实践美学自身发展阶段性的限制,使自然作为与社会相关联(如自然美与社会美的对照)的一极属性受到了较多关注,而自然作为独立存在及其与人类关系维度却为被充分阐明。进入 21 世纪后,随着生态文明时代的到来,实践美学内部无论是李泽厚将人"活着"的自然生命由"人的动物性机体的生存运转"重新阐释为附于"天地境界"的自然本体论转向从而对生态自然观的导出,还是张玉能将实践中的"自然人化"与"人的自然化"统一到天人合一的生态审美境界,甚至是徐碧辉所认为的"生态美的本质是人的自然化和自然的本真化"的论断,这些学者都从新的时代背景出发,主张实践美学与生态美学的有机联系,这样的做法不仅拓展了实践美学的理论体系,而且还为生态美学的长足发展提供了理论依托。

3. 生态美学诞生的时代背景

此外,生态美学的产生还与我国社会主义现代化建设发展历程息息相关。

1949～1973 年,神州大地刚刚从多年战乱中恢复,百废待兴,积极发展生产力被确立为我国社会主义发展的核心任务。这一时期虽因"大跃进"的全民大炼钢铁和国家大办重工业而对生态环境造成了局部的破坏。但总体而言,由于

---

① 李泽厚:《历史本体论·己卯五说》,三联书店 2003 年版,第 263 页。
② 季芳:《从生态实践到生态审美》,人民出版社 2011 年版,第 148 页。

人口基数相对较小和生产力滞后等因素的影响,经济生产与环境保护之间的矛盾尚未突出。环境保护问题在20世纪70年代才因"文化大革命"期间因过分强调经济生产而导致资源浪费的原因才逐步受到关注。在1972年6月召开的联合国第一次环境会议上,周恩来总理指派的中国代表团积极出席并发言,在这次会议后,我国的高层决策者逐渐意识到了环保问题的重要性。于是才有了在1973年8月我国召开了第一次全国环境保护会议,会议通过了《关于保护和改善环境的若干规定》,确定了"全面规划,合理布局,综合利用,化害为利,依靠群众,大家动手,保护环境,造福人民"的32字方针。这是我国第一次针对环境保护问题提出政策方针,明确了环境保护对于社会发展的重要性,为今后环保事业迈出了重要一步。随后人们开始讨论将环境保护、自然资源的协调发展纳入法律范畴,于是在1989年第七届全国人大第11次会议正式通过了《中华人民共和国环境保护法》,这也是我国第一部环境保护的基本法律。环境保护工作被正式列入到政府工作的议程之中,环保政策法规也得以逐步落实。

尽管环保问题已被写入政策法规,但其一时间还无法改变生态问题。由于改革开放初期一味注重经济增长,人民生活在发生翻天覆地的改变的同时,这种"粗放型"的经济增长模式也为我们赖以生存的自然环境带来了沉重的负担。中国的国情是:人口基数大,耕地少,人均淡水量只是世界的1/4,人均森林覆盖率只是世界的2/3。因此,要改善人民生活、发展经济、实现人与自然和谐相处必须要考虑中国的现实情况。

1994年中国政府从人口、环境与发展的具体国情出发批准实施《中国21世纪议程》和《中国环境保护行动计划》,确立了中国21世纪生态发展的总体战略框架和各个领域的主要目标及行动方案。1997年9月,江泽民同志在党的十五大报告中明确提出可持续发展战略,面临严峻的环保形势,环境保护的目的不仅仅是为了自己的生存,还要为了后代的可持续发展。可持续发展就是要提高资源的利用效率,推动整个社会走上生产发展、生活富裕、生态良好的文明发展道路。2003年10月中共十六届三中全会召开,胡锦涛总书记在会上发表有关科学发展观的讲话,明确提出"坚持以人为本,树立全面、协调、可持续的发展观,促进经济社会和人的全面发展"。"按照统筹城乡发展、统筹区域发展、统筹经济社会发展、统筹人与自然和谐发展、统筹国内发展和对外开放的要求",推进各项事业的改革和发展。2005年3月,胡锦涛总书记在中央人口资源环境工作座谈会上提出"建立资源节约型、环境友好型社会"。2005 年 10 月,十六届五中全会通过的"十一五"规划建议将建设资源节约型、环境友好型社会确定为国民经济和社会发展中长期规划的一项战略任务。2007 年 10 月,党的十七大报告再次强调,必须把建设资源节约型、环境友好型社会放在工业化、现代化发展战略的突出位置,坚持生产发展、生活富裕、生态良好的文明发展道路,建设资源节约型、环境友好型社会,实现速度和结构质量效益相统一、经济发展与人口资源环境相协调,使人民在良好生态环境中生产生活,实现经济社会永续发展。建设资源节约型环境友好型社会,是我党贯彻落实科学发展观、构建社会主义和谐社会、实现国民经济又好又快发展的重大战略举措。2007 年党的十七大第一次提出了"建设生态文明"的重要命题,把建设生态文明列入全面建设小康社会奋斗目标的新要求。胡锦涛总书记指出:"建设生态文明,基本形成节约能源资源和保护生态环境的产业结构、增长方式、消费模式。循环经济形成较大规模,可再生能源比重显著上升。主要污染物排放得到有效控制,生态环境质量明显改善。生态文明观念在全社会牢固树立。"提出生态文明建设,这是党的十七大的理论创新成果,是中国共产党执政兴国理念的新发展,是对人类文明发展理论的丰富和完善。

2012 年 11 月召开的党的十八大把生态文明建设提高到前所未有的战略高度,作为建设中国特色社会主义事业总体布局,与经济建设、政治建设、文化建设、社会建设相提并论,形成"五位一体"的战略布局。生态文明建设是关乎民族伟大复兴的重要内容,其既可能成为经济发展不竭的动力,也有可能成为遏制经济的主要命脉。保护生态环境就是保护生产力,二者绝不是对立关系,平衡二者的关键在人,关键在思路。人们过去评价社会发展的标准总是生产总值,为此不惜破坏人们的生存环境,造成了现在不断恶化的环境局面。习近平总书记在多种场合中都提到生态文明的重要性,强调良好的生态环境是普惠民生的福祉,明确生态环境保护的突出地位。"我们既要绿水青山,也要金山银山。宁要绿水青山,不要金山银山,而且绿水青山就是金山银山。"①良好的生态环境才是最公平的公共产品,我们必须倍加珍爱、精心呵护。全国几十年来开

---

① 《保持发展党的先进性和纯洁性的新成果》课题组编:《保持发展党的先进性和纯洁性的新成果——"两学一做"学习教育百问百答》,中共中央党校出版社 2016 年版,第 87 页。

展植树造林、退耕还林活动，国家森林资源持续发展，人们爱绿护绿的意识也逐步增强，但是整体上看我国还是一个生态脆弱、缺林少绿的国家。虽然我们早早意识到了生态问题的重要性和必要性，不断制定相应的政策法规，但是实施过程在经济发展和巨大利益面前却总是败下阵来。生态破坏、环境污染等社会问题日益艰巨与紧迫，高能耗、高排放等工业污染久治不好，尤其是近些年雾霾的侵袭让人们切身感受到生态与自身健康的关联，也坚定人们维护生态环境的决心。改革开放以来收归在国家手中的资源不断发放给个人，个体的自由度大大增加，个体的释放为社会注入生机与活力的同时也带来了许多问题。个体与集体的利益之间充满了冲突与矛盾，其为后来生态的治理埋下了祸根。生态的问题不能仅仅依靠政府的监督与管理，更需要个人的自我约束，每一个人从个体行为意识上了解环境保护的重要性，从身边的每一件小事做起，才能达成整个社会生态保护的目的。政策法规的建立说到底仍然是一种对人们的外在约束，如果没有建立起与人们紧密的联系，那么它将仍旧是对立的存在。所以只有当人们意识到自我与他人、与自然、与生态同呼吸共命运的状态，人们才会自觉地自发地行动起来，维护生态环境的平衡发展和生态系统的良性循环。

从国家宏观战略规划的调整我们可以看出，生态文明的建设不仅仅是一个经济转型问题或者是一个法律政策完善问题，更是一个在文化层面上改变人对自然的态度以及人与自然关系的主观精神问题。因此，生态文明的物质建设就是利用最新的生态科学发展与环保技术从生产方式上改变过去高投入、高消耗、高排放、不循环、低效益的生产状况，从而实现绿色经济的发展模式。而生态文明的精神文明建设则是改变人们心中根深蒂固的"人是万物主宰"的人类中心主义自然观，重新树立一种尊重自然、顺应自然、保护自然的生态文明理念。生态美学正是从审美的角度出发，通过激发人们对自然的敬畏与热爱之情，从而唤醒人与自然和谐相处的关系体验，继而在情感的层面奠定了人们对生态文明理念的一门人文学科。因此，从这个角度讲，生态美学的发展也为我国生态文明在精神层面的建设提供了理论指导。

第二节　生态美学的理论来源

从生态美学诞生的社会历史背景我们可以看出，生态美学是历史、时代和学科向前发展的产物。与此相类似,生态美学的理论构建也不是白手起家的,其是在吸收了相关学科的理论资源后才逐渐发展壮大的。生态美学首先是生态学与美学的交叉学科,其理论建设必然建立在生态科学(以及美学)学科的充分发展之上,特别是阿伦·奈斯"深层生态学"的提出,更是扩展了生态学的人文内涵,为生态美学提供了丰富的思想资源。另外,生态美学还与西方兴起的环境美学、生态哲学等学科相互影响,共同发展。生态美学作为我国学者首创的理论体系,其理论主体是在马克思历史唯物主义自然观的指导下,吸收了当代西方哲学理论(特别是对存在论对人类中心主义反思论述),并联系中国传统美学的生态智慧之后构建起来的。本节拟就生态美学发展产生影响的古今中外理论资源进行简单述评。

1. 生态美学及其交叉学科

(1)生态学中的生态理念

"生态学"(Ecology)一词最早来自于希腊语,"eco"指住所或栖息地,"logy"则是"logos"的演变,即逻各斯,意指学问。就字面意思而言,生态学指的是研究人和动植物与其栖息地关系的一门学问。"Ecology"最早是在1866年由德国博物学家恩斯特·海克尔所提出的,他在《普通生物形态学》的一个脚注中写道:"通过'生态学'一词,我们意在描述这样一种科学,即关于有机体与其存在环境之关系的整体科学,而所谓环境在广义上包含着全部'生存条件'。"①从以上定义可以看出,海克尔受达尔文进化论的影响,强调生态学是研究生物与生物之间、生物与环境之间的相互作用关系的一门科学。在生态学学科诞生后的100年间,英、法、俄、美等多国学者也先后提出了对生态学的不同定义,这些定义大致可被归纳为三种类型:第一类将研究重点放在自然历史上,第二类则是以动物的种群和植物群落为研究对象,第三类更是将研究重心扩大到了生态系统的范围。②

这三类对"生态学"的定义不仅强调的是不同研究所关注的生态学分支领域,而且还展现了百年来的生态学的发展历程,即从对单个生物与环境关系的

---

① Robert C. Stanffer. "*Haeckel*, *Darwin*, *and Ecology*", The Quarterly Review of Biology, Vol. 32, No. 2 (Jun, 1957).

② 参见孙儒泳:《普通生态学》,高等教育出版社1993年版,第2页。

强调再到对一个生物群落与环境间的互动再到对整个地球生态圈的互相联系的关注。生态学将生物与环境普遍联系起来的做法是对自启蒙运动以来视自然为机械的观点的自然哲学的超越。传统机械论自然观把自然事物分割为细小、独立的（例如将生物分为界、门、纲、目、科、属、种的分类法）的组成部分，再隔绝瓦解条件干扰，以机械的方式研究每个细微事物的独立活动现象，缺乏一种将各事物联系为一个整体的有机视野。而海克尔则认为，通过生态学的帮助，"我们由此可见自然选择论如何能够系统化地从因果关联的角度解释有机体之间的家属关系，并由之将建构出生态学的一元论基础"①。这里的一元论即是对机械论自然哲学主客二分的形而上学思维的一种批判。正是这种将自然分割为细小的机械运动的哲学观念（特别是在经过法国哲学诠释之后）促生了只重视人的价值而忽视自然价值的人类中心主义，并直接导致了在现实中人类无节制地对自然的开采与掠夺。而生态学提出的意义就在于从科学的角度否定人与自然相割裂的机械论自然观，从而把人的生存同自然环境以及其他生物的存在联系在一起，以共同存亡为理念将生态圈的所有生物共同绑在地球这一"诺亚方舟"上。在进入 20 世纪之后，随着环保运动的兴起，生态学更是与"生态危机""生态灾难""生态政治学""生态活跃人士"等词汇连在一起，正如雷蒙·威廉斯所言："其宗旨是关怀人与大自然的关系，并且视这种关怀为制定社会与经济政策的必要基础。"②这即是生态学在 20 世纪由科学领域向人文领域的扩展。

在"生态"一词的内涵由科学过渡到哲学、经济、文化乃至审美生活的方方面面的过程中，起到重要作用的乃是挪威哲学家阿伦·奈斯的"深层生态学"理论的提出。在 1973 年发表的《浅层生态运动和深层、长远的生态运动：一个概要》一文中，阿伦·奈斯首次区分了"浅层生态学"和"深层生态学"两种理论。在自然观方面，浅层生态学认为人与自然是对立的，并且人可以利用自然规律（科学）去支配自然从而为人服务；而深层生态学则认为人是自然的一部分，自然有其自身的价值，人必须服从自然规律才能可持续地发展。在价值观方面，浅层生态学主张自然对人的实用价值，离开人类自然无价值可言，并且这种价

---

① 孙儒泳：《普通生态学》，第 138 ~ 144 页。
② ［英］雷蒙·威廉斯：《关键词》，刘建基译，三联书店 2005 年版，第 140 页。

值只能用逻辑和理性(而非情感和直觉)才能被人理解;深层生态学则认为把自然价值等同于人类价值是一种偏见,我们应通过情感和直觉理解自然自身的价值。① 总体而言,深层生态学的提出与 20 世纪后半叶的环保运动相呼应,其将现代社会出现的生态危机视为工具理性泛滥的结果,其实质是人类的生存危机和文化危机,其根源在于我们的社会机制、价值观念出了问题,因而必须从价值与社会层面思考生态问题。诚如生态哲学家塞欣思所言:"深层生态学超越了解决环境问题的那种头痛医头、脚痛医脚的方法,并试图提出一种完整的世界观……它的以生物为中心的平等观的基本洞见是生物圈中的所有事物都拥有生存、繁荣和自我实现的平等权利。"②阿伦·奈斯从每个生物的"自我实现"和"生态中心主义平等"两个原则出发,坚持认为人类和其他自然界存在始终是相互联系、相互作用的,而这种联系则是生态系统的基本构成,其是否完整、正常运作决定了人类的生活质量。奈斯指出:"从严格的意义上讲,'深层生态学'不是哲学,也不是约定俗成的宗教或意识形态。相反,实际所发生的是在运动和直接行动中各种人走到一起——由于这些理由,我用'行运'而不用'哲学'一词。"③深层生态学通过"活着也让别人活着""放眼全球、着手局部""绝不应把生物当作工具一样使用"等口号,以行动方式培养了环保运动人士的生态意识,并通过改变个人的生活方式的途径,自下而上地促进了欧美政府关于自然的保护和管理工作。虽然深层生态学理论因其生态中心主义的立场而受到人类中心主义者的质疑和来自于发展中国家的批评,以及其对直觉体验以及生物自我实现的强调也容易走向一种泛灵论的神秘主义,但它使原本属于学斋及实验室的生态理论走出了象牙塔,走向了社会生活的价值层面,走进了人们的生活领域的贡献,却是毋庸置疑的。

(2)从生态哲学到环境美学再到生态美学

"生态"一词由科学向人文的泛化,直接导致了环保运动受到有机体的相关联系思想启发,使原本仅是针对局部地区的环境污染而进行的抗议示威迅速发展成为旨在保护地球的跨国公益组织运动。诚如联合国环境报告所言:"自从 1960 年代末期以来,环境运动从仅仅关注自然环境本身变为关注自然环境与人

---

① 参见雷毅:《深层生态学思想研究》,清华大学出版社 2002 年版,第 31~34 页。
② [美]纳什:《大自然的权利》,杨通进译,青岛出版社 1999 年版,第 121 页。
③ 转引自曾繁仁:《生态美学基本问题研究》,人民出版社 2015 年版,第 8 页。

类状况的互相关系,并开始强调人为环境与自然环境之间以及贫穷与环境退化的关系。"①这是因为从生态的角度来看,自然界的所有事物(包括人类以及人类社会)都是联系在一起的,它在科学意涵上强调的是生物与环境间的互动,而在人文意涵上则强调的是人与自然的其他组成部分之间的相关依赖关系。要而言之,"生态"概念的引入使环保运动意识到人与地球上的其他生物共同构成了一个"一荣共荣、一损共损"的生态共同体。"生态共同体的每一部分、每一小环境都与周围生态系统处于动态联系之中。"②

在这种全新的关于人与自然关系的理念推动下,便产生了关于二者相互作用的哲学思考,尽管对这一新兴交叉学科的命名不尽相同(如席默曼的"环境哲学"、罗尔斯顿的"环境伦理学"、泰勒米勒的"绿色哲学"、萨克塞的"生态哲学"等),但期冀重新认识人与自然的位置与价值,通过构建人与自然和谐相处的世界观而促成人类的可持续发展却是所有学者所达成的共识。从学理上可依据哲学中主体与客体的关系而将生态哲学分为人类中心主义和自然中心主义两种类型。人们思考生态环保问题的起始角度就是人类中心主义立场,它是生态哲学构建的原初框架,其最早可追溯至中世纪后人类主体意识的觉醒与技术理性的兴起。人类中心主义认为人乃万物之灵,人之外的生物没有理性,因此人与自然之间的义务关系都是建立在人与他人责任义务基础上,保护生态环境的目的实则仍是为了人类更好地发展。"人类中心主义的生态共识具有主体主义预设,将人视为宇宙间仅有的主体,其他一切存在物都是毫无灵性的、无神秘可言的客体,崇拜技术理性的无穷力量,把自然形象完全机械化以便于人们的认识和无度利用。"③人类中心主义生态哲学的利己主义立场以及无视自然生物的内在价值与属性的做法,遭到了许多人的不满,从而才有了自然中心主义生态哲学观,这些人试图将生态关注的对象从人扩展到其他生物上,其代表有泰勒的生物平等主义、辛格的动物解放论和雷根的动物权力论等。泰勒在《尊重自然》中可以为自然中心主义论作出了注解:"人类与其他生物一样都是生命共同体的成员都处于同样的地球环境中……自然共同体中每一个生命都是平等的

---

① 王正平:《环境哲学:环境伦理学的跨学科研究》,上海教育出版社 2014 年版,第 6 页。
② [美]卡洛琳·麦茜特:《自然之死》,吴国盛译,吉林人民出版社 1999 年版,第 110 页。
③ 何怀宏:《生态伦理:精神资源与哲学基础》,河北大学出版社 2002 年版,第 363 页。

存在,具有同等的价值,人并没有优于其他动物的地方。"①自然中心主义者从人的工具理性之外看到了自然的内在价值,但将自然内在价值等同或抬高在人类价值之上的做法则否定了人类文明的成果,消解了人类主体作为道德施予者的地位的同时却无法让自然承担主体责任的能力。

生态哲学(或称"生态伦理学")虽然并未对关于人与自然之间的"善"的关系的确立达成一致的共识,但其将人与自然之关系纳入到哲学下思考的做法,却启发了美学家。诚如陈望衡所言:"环境伦理学所提出的一系列关于生命的新的原则,极大地启发了美学,不仅为美学提供了一个新的视角,而且还提供了理论基础。"生态哲学的争论影响了阿诺德·柏林特、艾米莉·布雷迪、罗尔斯顿等学者从审美的角度辅以情感的力量重新思考人与自然的关系,他们把传统美学中的自然美审美范畴与生态哲学结合在一起,最终产生了环境美学的交叉学科。在欧美最早将"生态"与"自然美"结合思考的是美国人奥尔多·利奥波德,首倡一种不同于传统如画美学的新自然美学观念,并用适宜的语言撰写了《沙乡年鉴》一书,从而主张将伦理关系从人扩展到土地以及人与土地上的动植物,视为"大地伦理学"。芬兰学者约·瑟帕玛从生态哲学的人类中心主义视角出发,认为自然环境能否成为审美对象完全在于受众的选择,而只有改变人看待自然的方式,环境才能向主体显示美。可以看出,其美学是建立在对自然价值的充分肯定之上,在生态伦理的"善"的基础之上构建生态环境的"美"。他将其称为"肯定美学":"任何处于自然状态中的事物都是美的,具有决定性的是选择一个合适的接收方式和标准的有效范围。"②加拿大学者艾伦·卡尔松则从自然中心主义出发,主张以一种整体性观念为前提来建设环境美学。"全部自然界是美的,按照这种观点,自然环境在不被人类所触及的范围之外具有重要的肯定美学特征……所有原始自然本质上在审美上是有价值的。"③如果约·瑟帕玛在论生态之美与生态之善中陷入循环论证的话,那么卡尔松则是直接将生态之善与生态之美画上等号,这两种偏激的观点在美国学者霍尔姆斯·罗尔斯

① [美]保罗·泰勒:《尊重自然:一种环境伦理学理论》,雷毅译,首都师范大学出版社 2010 年版,第 128 页。

② [芬兰]约·瑟帕玛:《环境之美》,武小西、张宜译,湖南科技出版社 2006 年版,第 148 页。

③ [加]艾伦·卡尔松:《环境美学——关于自然、艺术与建筑的鉴赏》,杨平译,四川人民出版社 2006 年版,第 109 页。

顿那里得到了融合。首先,罗尔斯顿承认自然的审美价值,这种价值既不是自然为人所用的实用价值,也不是自然支持人有生命的生命支撑价值,自然的审美价值具有本体论特征,这即是他的"荒野哲学"。"荒野在历史上的现在都是我们的'根'之所在。"①这样生态之美就成了源生的,生态之善则是在它之上搭建的。而要向启发这种对生态的经验,罗尔斯顿则认为需具备人的审美能力与自然的审美特性,只有在具体的审美经验中,生态伦理关系才得以成立,他援引了利奥波德的原话:"当一个事物有助于保护生物共同体的和谐、稳定和美丽的时候,它就是正确的,当它走向反面,就是错误的。"②罗尔斯顿从生态与人的生态整体主义观出发,从而超越狭隘的人类中心主义与自然中心主义,为生态美与生态之善的关系厘清了思路。美国学者阿诺德·柏林特则顺着这个思路出发,进一步论述了环境审美的发生过程。他从参与美学的角度出发,详细论述了不同层次与类型的环境审美体验,为环境美学的实践应用做出了积极的贡献。

毋庸置疑,我国生态美学的产生与发展参照了西方环境美学的相关思想,其都是在强调"面对当代严重的生态破坏而要对生态环境加以保护的立场"③。但与环境美学不同的是,环境美学仅从自然与艺术的区别角度出发,以人类中心主义立论,证明生态环境之美;而生态美学则坚持马克思所言"自然主义与人道主义的统一",在吸收了现代西方存在论哲学的合理内核并结合中国古典美学中的生态智慧后坚持生态整体主义,从而对包括人类社会的整个生态圈所进行的一种审美化观照。

2.生态美学及其思想渊源

(1)马克思主义哲学关于人与自然关系的相关论述

西方生态哲学环境美学的发展给我们带来的启示是:如果要实现人与自然的和谐相处,就必须超越人类中心主义和自然中心主义生态观的局限。西方工业社会200余年的经验告诉我们走"人类中心主义"先污染后治理的道路需要

①　[美]霍尔姆斯·罗尔斯顿:《哲学走向荒野》,刘耳、叶平译,吉林人民出版社2000年版,第210页。

②　曾繁仁:《生态美学导论》,商务印书馆2010年版,第179页。

③　曾繁仁:《论生态美学与环境美学的关系》,《探索与争鸣》2008年第5期。

付出巨大的代价,而这种代价是我国脆弱的生态环境所承受不起的。而自然中心主义所倡导的人与其他生物完全享有同等权利的主张,也仅仅是限制了人类社会经济的发展,使人类重返自然状态的"伊甸园"而已。根据中国国情的需要,要建设生态文明社会唯一可行的道路就是走马克思所倡导的"自然主义与人道主义的统一"的道路,即一种更加包含和统一,强调人类与自然的和谐共生,人类社会价值与自然自身价值被共同认可的新型社会关系与自然关系。在马克思看来,其就是共产主义社会的目标:"这种共产主义作为完成了的自然主义等同人道主义,而作为完成了的人道主义,等于自然主义,它是人和自然之间、人和人之间的矛盾的真正解决,是存在和本质、对象化和自我确证、自由和必然、个体和类之间的斗争的真正解决。"①

　　马克思是在 19 世纪中叶资本主义社会的上升阶段,面对阶级矛盾日益锐化、工人运动频发、环境遭受工业污染的时代背景中阐发出共产主义"人与自然和谐"的价值观的。在哲学上其乃是对黑格尔客观唯物主义的绝对精神与费尔巴哈的旧唯物主义关于自然与人之间对立的超越。"我们在这里看到,彻底的自然主义或人道主义,既不同于唯心主义也不同于唯物主义,是同时把两者结合的真理。我们同时也看到只有自然主义能够理解世界历史的运动。"②马克思认为必须将费尔巴哈所提出的"自然主义"和"人道主义"在人的社会实践中统一,才能真正理解人在劳动中与自然交互作用中的历史演进。马克思从历史唯物主义的观点出发认为:"人靠自然界生活。这就是说自然界是为了人不致死亡而必须与之不断交往的、人的身体。所谓人的肉体生活和精神生活同自然界联系,也就等于说自然界同人自身相联系,因为人是自然界的人部分。"③从存在论的角度来看,人的生存离不开自然,人与自然保持田园牧歌式的关系直到资本主义时代的到来才遭到了抛弃。资产阶级在 100 多年的时间里不仅创造了比以前一切世代加起来还要多的生产力,而且还在对自然资源的前所未有的大规模开采中"把精神和物质、人类和自然、灵魂与肉体"对立起来,人们在资本主义制度中遗忘了人与自然原初的存在状态。在这里,马克思并没有将人与自然关系的恶化归咎于人的伦理或精神(如人的贪婪),而是深刻地看到了人与人之

① 《马克思恩格斯全集》第42卷,第120页。
② 《马克思恩格斯全集》第42卷,127页。
③ 《马克思恩格斯全集》第42卷,第95页。

间的社会关系才是制约人与自然的关系的根本原因。"自然界和人的同一性也表现在：人们对自然界的狭隘的关系制约着他们之间的狭隘关系，而他们之间的狭隘的关系又制约着他对自然的狭隘的关系。"①

马克思认为造成人与自然之间对抗关系的直接原因就是私有制对人的劳动的异化，私有制使我们把自然看作一种资本而存在，只有在满足了我们的吃、喝、住、行，被我们直接占有时它才有意义。"一切肉体的和精神的感觉都被这一切感觉的单纯异化即拥有的感觉所代替。"②对此，恩格斯更是形象地说道："当一个资本家为着直接的利润去进行生产和交换时，他只能首先注意到最近的最直接的结果……当西班牙的种植场主在古巴焚烧山坡上的森林，认为木灰作为能获得高额利润的咖啡树的肥料足够用一个世代时，他们怎么会关心到，以后热带的大雨会冲掉毫无掩护的沃土而只留下赤裸裸的岩石呢？"③在马克思、恩格斯看来，解决人与自然紧张的对立关系从而恢复人与自然和谐相处的原初存在状态的唯一途径就是共产主义革命。"对实践的唯物主义者，即共产主义者来说，全部问题都在于使世界革命化，实际地反对和改变事物的现状……特别是人与自然界的和谐。"④这种共产主义是一种"能够有计划地生产和分配"的自觉的生产组织，它消除了人们盲目追求经济效益而造成的人与人之间、人与自然之间关系的失衡的状态，也使人从异化的状态重新复归到人的本质存在。

我国社会主义生态文明的建设正是在马克思主义唯物观指导下，对共产主义实现过程的新探索。在经济生产方面，我国已经部分地实现了马克思所言的"有计划地生产和分配的自觉"，不再以追求单一的 GDP 增长为发展目标，通过更好的规划统筹实现了经济增长与绿水青山长存之间的协调。而在精神建设方面，我党在十九大后所提出的"建设美丽中国"的目标，同样也是对马克思生态自然思想的有机补充。只有物质文明与精神文明建设双管齐下，我们才能真正实现马克思所说的"自然主义与人道主义的统一"，继而实现"中华民族的永续发展"。

---

① ［德］马克思：《德意志意识形态》，人民出版社 1961 年版，第 25 页。
② 《马克思恩格斯全集》第 42 卷，第 124 页。
③ 《马克思恩格斯全集》第 3 卷，人民出版社 1972 年版，第 520 页。
④ ［德］马克思：《德意志意识形态》，第 38 页。

（2）中国传统哲学中的生态智慧

生态美学作为中国学者独创的学科理论形态，其在借鉴生态学、西方生态哲学、环境美学和马克思主义生态环保思想的同时，也从中国古代美学思想资源中找到了学理依据。"生态美学对于中国这一农业古国是一种原生性的文化形态。20 世纪 80 年代中期崛起的生态美学具有鲜明的东方色彩，是包括中国在内的东方学者对于世界美学的贡献，是东方古代生态审美智慧在当代的重放光彩。"①虽然作为概念"生态"与"美学"都是来自于西方的舶来品，但是以农业立国的中华文明从古至今都十分重视天人相和的"生态智慧"，无论是儒家的"天人合一"思想，还是道家的"道法自然"思想，都体现着中国人追求人与自然、人与他人、人与生活、人与自我之间和谐的审美智慧。虽然"生态美学"是现代西方学科话语模式下的产物，是一种后生性、外引性的理论，但从我国传统文化史角度思考该问题，则是古代生态审美智慧在当代的原生性的延伸。

儒家的天人合一思想，既是古代统治者论证自身合法性的意识形态工具，也是引导人的道德与审美向性的宇宙图式，但从现代有机整体思维的角度来看，其也蕴含着一定的生态思想，天与人之间的关系实际上是在社会伦常与宇宙自然间摇摆的发展历程：早在《诗经·大雅·烝民》的"天生烝民，有物有则，民之秉彝，好是懿德"诗句中，就有将天道与人道联系起来的看法。与此相对，孔子却认为："天何言哉？四时行焉，百物生焉，天何言哉？"（《论语·阳货》）这里的天与人又则更多地表现为一种自然属性上的联系。到了汉代的董仲舒才将天人关系上升到了本体论的高度。"天亦有喜怒之气，哀乐之心，与人相副，以类合之，天人一也。"（《春秋繁露·阳明义》）不仅如此，他还将人的言行与自然演变联系起来，完成的自然与人伦在天人关系上的统一。"事各顺于名，名顺于天，天人之际，合而为一。因而通理，动而相益，顺而相受，谓之德道。"（《春秋繁露·深察名号》）到了宋明理学，则更多强调的是天与人的道德联系。如张载所言的"儒者则因明致诚，应诚致明，故天人合一，智学而可以成圣，得天而未始遗人"（《正蒙·诚明》）以及程颢的"仁者，以天地万物为一体"（《二程遗书》卷二）等观点，都是对孟子"知性知天"的道德阐释。冯友兰认为中国哲学的"天"

---

① 曾繁仁:《生态美学基本问题研究》,第 82 页。

有"物质之天""主宰之天""命运之天""自然之天""义理之天"五个义项。① 这些义项并非都具有生态审美的意涵,抛去"天人感应"等封建迷信思想与"义理之天"的伦理道德内容,我们仅从天人和谐的审美化角度理解"天人合一"思想,其中的生态智慧就显而易见了。从存在论的角度讲,"天"是人生存的源初境域,是一个以"自然"为统领,人与万物各得其所并具有无限关联意义的整体世界,天与人在本质上是融合的。"天人合一"的最高境界乃是抛开功利、道德的而通向审美的自由境界,其不把自然看作是物质的对象,而把自然当作是人的精神家园。"它没有西方哲学美学那种强烈的人类中心主义色彩以及由此引起的主客之间难以调和的对峙与冲突。由'天人合一'所发生的诸多思想观念,构成了极富民族特色的生态美学传统。"②因而值得我们深入研究和大力弘扬。

与儒家从入世的角度理解天人关系不同,而道家哲学则更强调人的自然化生存,便形成了以"道生万物"为特征的道家生态自然观。"道法自然是道家生态存在论智慧的核心命题"③。在老子那里作为万物之本源的"道"是依其自然的本性而运作的,"道"将天地万物纳为一体,产生了"道生一,一生二,二生三,三生万物,万物负阴而抱阳,冲气以为和"(《道德经》第四十二章)的宇宙本体论。庄子从这种整体生态思想出发,又提出了"万物齐一"的观点:"自其异者视之,肝胆楚越也;自其同者视之,万物皆一也。"(《庄子·德充符》)人之所以能与"万物皆一",是因为庄子不仅把人类的社会价值融于自然之道,而且还将自然万物的内在价值以"不材之才""无用之用"的方式同人的自由境界等同起来。而不论是人的价值抑或是自然万物的价值,在庄子看来都应该被统摄于"道"之下。既然人能与万物皆同,与自然融合共存,那么人就不应以自身强力去改变自然事物的发展进程,而应顺应自然,无为而为。庄子把人与自然的这种状态称之为"大本大宗","夫明白于天地之德者,此之谓大本大宗,与天和者也;所以均调天下,与人和者也。与人和者,谓之人乐;与天和者,谓之天乐"(《庄子·天道》)。这样的看法直接将人与自然和谐共生的关系上升到了"现象与本体一体不二的大美之域","天地之大美,是超越世俗美丑判断而在'天人合一'境界中所感受的天地之间一种生生不息的无言之美,一种道的境遇中的

---

① 参见冯友兰:《中国哲学史新编》,人民出版社 1998 年版,第 103 页。
② 卢政:《中国古典美学的生态智慧研究》,人民出版社 2016 年版,第 102 页。
③ 曾繁仁:《生态美学基本问题研究》,第 227 页。

生态全体之大美"。①

从学理逻辑来看,道家的生态智慧与现代西方思想也是十分契合的。道家将人与自然都划归为道的看法,将包括人在内的宇宙万物联系为一个统一的整体,"有人,天也;有天,亦天也"(《庄子·山木》)的这种思想与生态哲学中将地球生物圈联系为一个有机整体,其中的各个生态因子相互联系、相互影响、相互作用、相互依赖的观念是殊途同归的。而"越名教而自然"的哲学理念也使得道家的伦理思想超出了人常的"人格平等"境界,使伦理对象由人扩大至自然,并形成了更广义的平等——"物格平等",这种"物我同一"观念再向前演进的话,即可以看到当代生态伦理学中的自然中心主义的影子。从生态的思维方法来看,道家"道法自然"的观念具有跨时代、超越国度的合理内核与普世价值,并为人的自由发展提供了精神审美化的路径,为生态美学的理论构建提供了一种中国路径,堪称古代智慧在新的生态文明时代的重新绽放。

回到生态美学的理论建构,虽然生态观念是现代西方科技发展下促生的全新思维方式,但作为生态美学而非生态学或生态哲学,所涉及的是关于人的生存方式的一种体察。追寻人与自然和谐共生的愉悦之情不是一种认知态度的改变,"生态美学"作为一种人的生存智慧,不仅应有可信的科学理念的支撑,而且还应具有深远的文化渊源。而以"天人合一"和"道法自然"为代表的中国传统美学正是在表明自然万物与人具有不可割裂的天然关系状态中,为当代中国生态美学的学科理论建设提供了思想智慧支撑。

第三节　中国当代生态美学发展

随着 20 世纪下半叶风起云涌的生态环保运动在西方发达国家的展开,"生态"概念已经广泛地渗透到我们社会的各个领域,出现了许多以"Eco"打头的交叉学科与新词汇,如"生态哲学"(Ecophilosophy)、"生态政治学"(Ecopolitics)等。而"生态美学"(Ecoaesthetics)也是在这一时期登上历史舞台并逐渐成为人们关注的焦点的。

---

① 参见曾繁仁:《生态美学基本问题研究》,第 243 页。

我国关于生态美学的第一篇介绍文章是 1992 年由之翻译的（前苏联）曼科夫斯卡娅所写的《国外生态美学》，其详细地介绍了当时在欧美发达国家新兴的环境美学学科，如瑟帕玛、卡尔松等人的理论。① 但总体来讲这篇文章对我国学者的影响不深。实际上我国学者真正自己独立提出"生态美学"这个概念的是李欣复教授。他在 1994 年第 12 期的《南京社会科学》发表的《论生态美学》中论述了生态美学的产生基本原则和发展前景，并"提出了生态平衡是最高价值的美，自然万物的和谐协调发展，建设新的生态文明视野等"②三大美学观念。要而言之，20 世纪 90 年代西方这股生态思潮在我国并未引起学界较大的反响，在国人眼中生态美学仍只是被当作国外新潮理论而已。

生态美学真正得以蓬勃发展则是新世纪以后的事情了。徐恒醇研究员在 2000 年出版的《生态美学》一书是我国第一部生态美学专著，它具有相当完备的体系，标志着中国的生态美学研究步入了一个新的高度。徐恒醇认为每个时代都有自己的价值观和审美观，所以美是时代的产物。在现代社会人们意识到农业文明与工业文明带来了不可弥补的破坏性影响，所以自觉转向生态文明，企图努力挽回人与自然的和谐关系，这时生态美学便应运而生。生态美学是人对自身与自然关系的再认识，将人的理性自觉提升到一个更高的程度。他指出与自然美不同，生态美并不是自然自身的审美价值而是人与自然生态关系和谐的产物，它是以人的生态过程和生态系统作为观照的对象。"生态美体现了主体的参与性和主体与自然环境的依存关联，它是由人与自然的生命关联而引发的一种生命的共感与欢歌，它是人与大自然的生命和弦，而并非自然的独奏曲。"③徐恒醇认为生态美学应当注重人在生态中的主体作用，人既能破坏自然也能保护自然，生态与人不是对立的存在，由此将生态美与自然美区分开来。"审美价值是客观事物所具有的能满足人的审美需要的一种价值属性。也就是说，人衡量美丑的尺度。美具有直观的形象性，它可以为人所感知并唤起人愉悦的情感体验。但这绝不是说，美只是审美对象的物质属性，或者是审美主体的情感在外部事物上的投射或移情。价值关系体现了审美主体与审美对象之

---

① 参见[俄]曼卡夫斯卡娅：《国外生态美学》，由之译，《国外社会科学》1992 年第 11、12 期。
② 李欣复：《论生态美学》，《南京社会科学》1994 年第 12 期。
③ 徐恒醇：《生态美学》，陕西人民教育出版社 2000 年版，第 119 页。

间的相互作用和相互关联。"①生态美也同样具有一般审美价值的取向,既包括人的审美情感体验,也具有可以观触的具体生态环境。他指出人的生命活动在生态系统所建立的生命之网上展开,建立在各种生命以及生命与生态环境之间相互依存、共同进化的基础上。而生态审美就是在各种生命之间碰撞下产生的,附着于主体所处的环境系统。他强调这里的生态美不仅是一种审美体验,而且还是一种人生境界,"其追求的是主体的受动性和能动性相结合的主客体统一的境界,它所取得是和谐是非伦理而又超道德的自由"②。生态美不仅仅止于一种对具体生态环境的观照,还有一种身临其境的动态审美过程,产生出物我一体、虚实相生、情境交融的审美境遇。这时生态美就上升为一种人的生命过程的展示与体验,感受到自我与万事万物的生命律动。所以说生态美有其他形式美不可替代的重要作用,而生态美学的确立也对社会有着重要的理论与实践意义。生态美学把主客体统一的观念带入到美学理论之中,有助于帮助人们寻求克服技术异化的有效途径,促进了人们生态文化观念和健康生活观念的形成,为生态产业和生态环境的建设指明了方向。

另一位对生态美学较早进行系统研究的则是武汉大学的陈望衡教授。在《生态美学及其哲学基础》中他提出:"生态本身不是美学范畴,只有把它纳入到审美的过程中才具有美学意义,所以人们应当关注生态美。"③他将生态美的概念从生态学与美学中提取出来,认为其与自然美、艺术美等独立存在的审美形式不同,它是暗含在各种审美形式之中。因此,生态美既不是单纯的自然美,也不是人工创造的美,应该是包含人与自然的生态系统自身平衡功能所显现出的审美经验,这样生态美才深深地暗藏在世间万物中,与世界中的所有存在息息相关。生态美最根本的性质是它的生命性,在万物的化育流行之中,这种美并不是属人的,而是每一个生命都具有的本真样态。生态美一定是充溢着活力与生机,彰显着万物存在的意义。生态系统内部的有效循环带给生态美平衡性、系统性的特征,系统内万物之间普遍联系自发形成了和谐相处的平衡状态,一旦打破这种平衡,生态美就被破坏了。生态美的内容也在生态系统的内部循环中不断更新和释放,人类是生态系统内部的重要环节,所以生态美也一定具有

---

① 徐恒醇:《生态美学》,第 135 页。
② 徐恒醇:《生态美学》,第 139 页。
③ 陈望衡:《生态美学及其哲学基础》,《陕西师范大学学报》(哲学社会科学版)2001 年第 2 期。

宜人性的属性,这里的人并不是个体的人而是作为群体的人。这种宜人性还是非功利的,对人来说是身体和精神的双重享受。虽然价值都是相对于人来说的,但是生态美的价值不仅包含人的价值,而且还包括自然的价值、生态的价值。在这里陈教授强调生态美首先体现为环境美,环境美的范围是以人为核心的生活周遭,不是单纯地联系到人而是以人的居住为中心。他尤其强调,自然不仅仅是人生活资料的来源地,更是人居住的家园;人对自然不能一味地索取,更重要的是保护。工业社会的发展打破了人与自然的平衡状态,人们谋求眼前利益,无限掠夺自然资源,导致了严重的生态危机。在人类文明与环境保护的激烈斗争下,人类必须认清自身发展的基础是良好的生态环境,于是陈教授支持发展一种新的文明方式即生态文明。人们必须在切切实实的生活中感受到生态文明的成果即宜居的生活环境,感受到环境之美,这样人们才能自觉地维护生态系统的可持续发展。"科学的立场是将自然客体化,而环境的立场是将自然主体化,将环境看作是主体,环境也是人,既有精神性又有物质性。"①生态美学,既要顾忌生态本身的发展,又要考虑人在其中的体验,其从诞生之初就意味着人们要从整体和长远的角度思考和感受生态美,人们不能简单地对待生态问题,因为人是理性与感性的双重产物,不可能剥离出任何一方面看待生态环境。陈望衡指出,生态美学的出场既包含了科学主义,也包括了人文主义的立场,这为生态学和美学的发展增添了新的内容。

除此之外,广西民族大学的袁鼎生教授亦对生态审美问题有较为全面系统的研究。他认为生态美的基础是主、客体潜能的对生性自由实现,而潜能是事物的基元性存在,是隐藏在事物内部的本质力量。也就是说,主、客体在相互作用中促进了双方潜能的发展和实现,于是在这个过程中产生了生态美。生态形式美和内容美都形成于主、客体的潜能对生,这种对生过程带来了生态系统内部的共生机制。"生态对象形态、数量、体积、速度的美是主体的视觉结构、功能与生态客体的构造、运动两相对生的产物。"②生态美学研究的对象不是单纯的物质显现,而是人与自然共同作用的结果,这其中包括人的认知和经验,也包括对象所呈现出的变化。人们不是静态地观看事物,而是处于与事物相互作用的

---

① 陈望衡:《环境美学是什么》,《郑州大学学报》(哲学社会科学版)2014年第1期。
② 袁鼎生:《生态美的系统生成》,《文学评论》2006年第2期。

动态发展过程中,所以人自身与事物都会随着相互作用而发生改变。"生态美的内容包含真态、善态和真善同一态。真之美与善之美均离不开生态系统的整生。"①真是事物合乎生态规律的本质反映,善是主体生性合乎生态伦理规范的反映。生态系统潜能的迸发衍生出属物的生态规律和属人的生态伦理,而生态系统的运作需要内部所有成员的共同参与。总的来说,生态审美的形式和内容都离不开主、客体的对生过程。袁教授在生态美学的阐释中提出了"整生"的概念,"整生"的内涵来自于道家"一生万物,万物归一"的思想。"世间万物的潜能均来自于大自然的整生,每一个事物都在生态系统中得到最大的发挥,在整体的分形中为所属特殊性、类型性、普遍性的潜能依序生发,接受了它们丰盈而优异的成果,达到了理想的系统发育,也就实现了多层次的系统性整生和最高层次的系统性整生,形成了完备的'一'化。"②整生观念与系统性原则相对应,成为生态审美的重要研究方法,具有生存性与生长性的特征,是一种生态的辩证法。

　　与以上学者不同,苏州大学的鲁枢元教授从文艺学的生态批评的角度对生态美学进行了建构。他想要对"文学艺术与整个地球的生态系统的关系是什么、文学艺术在即将到来的生态学时代发挥了什么作用,而生态运动的发展中文学艺术自身又将发生哪些变化"③等问题作以回答。其认为在文艺批评领域自然一直是缺席的,由于科学技术的膨胀,文学艺术家研究的焦点越来越远离自然,甚至还产生对自然价值与自然美的贬低的倾向。大自然是一个有机统一的整体,人们都应该服从自然规律,破坏生态系统的后果就是无止境的生态灾难。"人的精神不仅仅是理性的、意识的,其还是宇宙间一种形而上的真实存在,是自然的法则、生命的意向、人性中一心向着完善、完美、亲近、和谐的意绪和憧憬,是生态乌托邦的境界。"④所以文学的创作要扎根于自然的土壤之上,细细品味生态美的内涵。

　　虽然以上学者在生态美学方面颇有建树,但真正使生态美学由一边缘的交叉学科走进学界话语中心的努力,还应归功于山东大学曾繁仁教授的"生态存

---

① 袁鼎生:《生态美的系统生成》,《文学评论》2006 年第 2 期
② 袁鼎生:《生态美的系统生成》,《文学评论》2006 年第 2 期
③ 鲁枢元:《生态文艺学》,陕西人民教育出版社 2000 年版,第 26 页。
④ 鲁枢元:《生态文艺学》,第 387 页。

在论"美学观思想的提出。正如邓志祥所言,在 21 世纪初的这股生态美学热中,"曾繁仁教授以多角度、大范围、立足于实践论基础、包含着存在论维度、发生广泛影响的生态美学研究,成为这个潮头的领头人"①。曾繁仁教授提出,生态美学在后现代语境下发展成为一种生态存在论美学观,其扬弃了实践美学和传统存在论的思想,为生态美学理论增添了新的内容。"后现代社会作为科技理性主导的现代工业时代的超越,实际上形成了一种新的经济与文化形态。在经济上以信息产业作为其标志,以知识集成作为其特色。实际上是一种后工业经济,而在文化精神上则是对科技理性主导的一种超越、走向综合平衡和谐协调的生态精神时代。"②人们对于生态环境的反思,引发了大众对生态审美的深入思考,人与社会、与自然的和谐发展的生态系统论观点为生态美学的发展指明了新的方向。现代社会工业的发展造成了人与自然的隔膜,也消解了人们感受自然的能力。在一种传统认识论的框架下,主体理性在"祛魅"的过程中被无限放大,造成了现代社会的生态危机。曾繁仁教授认为,实践美学虽然也倡导人与自然的统一,但还是以人的视野出发,将人的自由解放看作最终目标,最终难以逃脱人类中心主义的桎梏。作为有别于实践美学的新的生态美学理论,生态存在论美学不仅突破了主、客二分的传统认识论,而且还将主体间互动的机制带入到人与他人、与自然、与社会的关系之中。曾繁仁教授指出人的在世状态就是"人的此时此刻与周围事物构成的关系性的生存状态,此在就在这种关系的状态中生存与展开"③。于是自然就在"此在"之中而非"此在"之外,自然不仅仅是人改造的对象,更是人的存在状态,人与自然不是二元对立的关系而是身处其中并且不可或缺的组成部分。于是马克思所说的现实的人不仅是社会人,而且还是自然人,人与自然是平等对话的"朋友"关系。这时,此在的存在状态解决了生态性与人文性、审美性的统一,"所谓美就是存在的敞开与真理的无蔽"④。曾繁仁教授以海德格尔的存在论为理论始基,将生态美学基本观点同存在论相结合,利用"诗意地栖居""家园意识""场所意识"来重新诠释人与自然的关系。这些概念都是要求人们回归生存的本真状态,摆脱对自然的征服与

---

① 邓志祥:《曾繁仁生态存在论美学观及其创新意义》,《学习与探索》2017 年第 12 期。
② 曾繁仁:《中西对话中的生态美学》,人民出版社 2012 年版,第 135 页。
③ 曾繁仁:《生态美学导论》,第 283 页。
④ 孙周兴编译:《海德格尔选集》上卷,三联书店 1996 年版,第 276 页。

控制,利用自己的身心去感受自然。人们必须承认自然的内在价值,这是人们审美体验的前提,所以他提出应该在生态审美中融入现象学方法,完成人对自然从"祛魅"到"返魅"的过程。人本身就具有自然性的一面,现象学中的"直观"可以应用到生态审美的过程中,通过"悬搁"的"意向性"回到现象与审美经验相通。曾繁仁教授强调必须摒弃主、客二元对立的思维模式,悬搁人们对自然界过分掠夺的欲望,回到人的精神自然本真,探索人的自然本性,扭转人们对自然工具理性式的交往方式,只有采取这种生态现象学的方法才能达到人与自然共生共存的审美境。

在曾繁仁教授的生态存在论美学思想中,生态美学所研究的对象是生态系统,是包含了人、社会以及自然的环境系统。美学是以审美为目的,人们的视野常常局限于个体体验和自然皆美的思维框架下,于是美的内容随着社会的发展与历史变迁不断发生变化。当人们回顾美的历程才发现"所谓美都是存在于人与自然的统一整体中、存在于人类活动的时间长河中,存在于存在与真理逐步显现与敞开的过程中"①,所以生态美学的研究对象不应当是简单的自然而是包含自然万物与人的生态系统。于是曾繁仁明确指出,海德格尔理论中"天地神人四方游戏"的思想体现了存在论美学对传统人类中心主义的超越,将万物看作是天地神人的融合,于是人与自然之间产生出密切不可分割的联系。天地神人本身就是统一的整体,审美体验不能孤立任何一个方面。而这种生态系统的"美"既要摆脱"自然全美"的生态中心主义倾向,也要避免人化自然的人类中心论观点。在他看来,人与自然的一体性就在于人是自然的组成部分,同时人本身就具有生态特性,自然是人生存的来源,而人是自然系统运行中必要链节,最重要的是无论理性如何发展都无法摆脱生态环链的内在循环。"一种生物与另一种生物之间的联系以及所有生物及其周围事物的联系就是生态整体的内涵。"②所以人不仅要与他人和平共处,而且要与自然平等相待,还要自觉地将人的命运与整个人类共同体乃至所有物种的前途命运联结起来。曾繁仁教授还将生态存在论美学与中国传统智慧贯通,为生态美学汲取新的理论来源。中国传统智慧中一直都具有整体主义的文化色彩,其将整个世界看作是处于一种混

---

① 曾繁仁:《生态美学导论》,第292页。
② 曾繁仁:《中西对话中的生态美学》,第238页。

沌未分的状态，表现出一种有别于西方近代认识论的思维方式。古代哲学中天人合一、民胞物与、致中和等思想表现出人与万物、与世界和谐相处的生态生存样态。曾繁仁教授倡导的生态存在论美学，扬弃了实践美学理论基础，实现了生态美学新突破，对海德格尔的存在论作了生态性的阐释，将生态系统视作生态美学的研究对象，把审美经验而非审美形式提升到新的高度，强调用身体去参与审美过程；同时，他还不断挖掘中国传统哲学中的审美意蕴，不断对生态美学理论作一补充。总的来说，曾繁仁的生态美学思想对生态美学进行了一些开创性的解读，将中西方哲学思想融入到审美体验之中，无论是对美学理论的充实还是具体的审美活动都具有现实意义，尤其是对当代中国生态美学的发展提出了建设性和前瞻性的观点。

回顾30余年生态美学的理论建设，其发展乃是从无到有、从少到多、从杂到精的一个过程。我们有理由相信，在今后的岁月里，生态美学在我国建设新型生态文明社会的背景下一定还会取得更大的成绩。正如曾繁仁教授在《生态美学导论》一书中所说的那样，生态美学正走在与当代生态文明建设、当代生态理论发展、中国传统生态文化智慧的发掘、当代生态文艺发展以及中西交流对话中坚持中国特色文化建设之路相衔接的康庄大道之上。

第二章
生态美学中生态审美经验问题

第一节　生态美学发展的理论危机与再造路径

依据朱立元主编的《美学大辞典》的解释,"生态美学"是指研究人与自然生态环境的审美关系和维护、创造生态环境美的科学。作为美学与生态学交叉结合所形成的一门新兴的边缘学科,生态美学在21世纪的发展也呈现出由增长到爆发再趋于正常的发展曲线:据笔者统计,从2000年到2003年年底,人大复印资料关于生态美学学术论文的全文转载为每年平均3.5篇。而2004~2013年,其发文数量更是有了突飞猛进的增长,达到每年平均7.2篇,几乎增长了近1倍,其中2004年、2005年、2006年连续三年其论文数均在10篇以上。而到了2014~2017年,生态美学的转载情况则又回到了每年平均3.5篇。从近年来人大复印资料的转载率来看,生态美学虽然在表面上仍维持着繁荣,但在理论上已渐显疲态,并呈现出落潮迹象(如苏州大学文学院主办的《精神生态通讯》的停刊、诸多生态美学研究者转向环境美学或景观美学研究等)。其原因就在于"近年来,除了生态存在论美学外,国内真正富有创见并有实践价值的生态美学理论并没有形成,更缺乏严肃的争鸣为这一领域增添活力或磨砺理论锐气"①。也就是说,大部分的生态美学论文表面上看起来是在论述"生态系统的审美问题",实际上则是流俗于一般性的哲学话语描述(无论是西方哲学话语体系,还是中国哲学话语体系,或是作者自发创造的话语体系),使得生态美学脱离了活生生的审美体验,沦为了学术场域内部专业人士自言自语的专业化的知识生产。而笔者认为生态美学之所以会遭遇当下的理论发展的瓶颈,是因为现有的各式各样的生态美学理论体系没有或很少地真正解决了生态美学中科学性与审美性如何统一的问题。下面我们以曾繁仁教授的"生态存在论美学观"理论为例来对这一问题作以解析。

1. 生态存在论美学观的理论贡献与不足

关于曾繁仁教授对于中国生态美学学科建设所起的扛鼎作用,有学者评价道:"对于生态美学基础理论的建构,曾繁仁先生起了重要的奠基作用,他的生态美学思想既为中国生态文化的建设者们开导了一条理论的通衢,也昭示着中国美学的未来发展前景。近 10 年来,曾繁仁先生在生态美学的生成背景、理论资源、内涵范畴、学科建设等方面取得了斐然的研究业绩,已基本建构起了生态美学的理论体系与学科体系。"②作为生态美学研究领域中的代表人物,曾繁仁教授以海德格尔哲学思想为学理依托,提出了"生态存在论美学观"的理论体系,不断把中国当代生态美学研究向纵深推进。

具体而言,曾繁仁教授认为:"生态美学最基本的特征在于它是一种包含着生态维度的美学观,并由此区别于以'人类中心主义'为特征的美学形态……是一种人与自然融为'生态整体'的新的生态人文主义,是一种生态存在论哲学与美学观。"③依据海德格尔的"此在在世界之中存在"命题,生态存在论美学观展开了对人与自然和谐相处的理论描述。通过对海德格尔哲学中"在之中""上手""因缘"等概念的分析,生态存在论美学观认为此在的"在世之在"实际上就是指人与自然之间和合共生的原初关联,在人本身的实践生存活动中人与自然

---

① 刘成纪:《生态美学的理论危机与再造路径》,《陕西师范大学学报》(哲学社会科学版)2011 年第 2 期。
② 罗祖文:《试论曾繁仁的生态美学思想》,《鄱阳湖学刊》2012 年第 2 期。
③ 曾繁仁:《生态美学导论》,第 279 页。

打交道,人与自然结缘,自然乃是人的生存不可或缺的有机构成部分。"自然包含在'此在'之中,而不是在'此在'之外。这就是当代存在论提出的人与自然两者统一协调的哲学根据,标志着由'主客二分'到'此在与世界',以及由认识论到当代存在论的过渡。"①以此为基础,曾繁仁教授确立了以生态系统的审美为研究对象,以现象学"回到事物本身"为研究方法的生态存在论美学内涵。关于生态系统的审美,生态存在论美学观认为其乃是"'天、地、神、人'四方游戏中,存在的显现,真理的敞开",其已不同于传统美学中的自然美、社会美、艺术美等范畴,"与传统认识论美学中作为'感性认识完善'的美学内涵已大不一样——它的美的内涵已经与真、存在没有根本区别,而是紧密联系。所谓美就是存在的敞开与真理的无蔽"②。而生态审美的这种生态性与审美性在存在的显现与无蔽中的合一性也只有在现象学悬搁一切固有观念、在回到事物本身的本质直观中才可能达成。只有凭借"生态现象学"的方法,我们才能在存在论意义上进入审美主体与自然世界"平等对话,共生共存"的审美境界。在此基础之上,曾繁仁教授还依据海德格尔的后期思想,提出了"天地神人四方游戏说""诗意地栖居""家园意识"等一系列的生态美学基本范畴,初步构建起了生态存在论美学观的理论结构体系。

对于生态存在论美学观的理论贡献意义,笔者认为应从对现实社会背景和学科发展需求的双重呼应加以思考:

一方面,改革开放40年来我国在取得了经济的巨大发展的同时,也在一定程度上付出了牺牲环境以谋求发展的代价。从此现实背景出发,党中央在继十八大加大环境保护建设工作之后,又在十九大中明确了以建设"美丽中国"为目标的新的战略规划。尤其是近年来全国各地在冬季所产生的大范围雾霾天气,使人们日益对环境污染产生厌恶之情的同时渴望在良性循环的"绿水青山"中获得愉悦的生存体验。这意味着生态文明建设已由物质、经济领域全面延伸至精神、审美层面——山水田林、鸟兽鱼虫已经和人类构成了同一个"生命共同体",只有"尊重自然,顺应自然,保护自然",我们才能"推动形成人与自然和谐

---

① 曾繁仁:《生态美学导论》,第283~284页。
② 曾繁仁:《生态现象学方法与生态存在论审美观》,《上海师范大学学报》(哲学社会科学版)2011年第1期。

发展现代化建设新格局"。① 这乃是生态存在论美学观主张由"人类中心主义"转向"生态人文主义"的时代背景。正如曾繁仁教授所言:"'生态人文主义'得以成立的根据就是人的生态审美本性……人天生具有一种对自然生态亲和热爱并由此获得美好生存的愿望。这种'生态人文主义'正是新的生态审美观建设的哲学基础与理论依据。"②

另一方面,我国美学科学长期拘囿于认识论的思维模式中,这种美学话语形态以古典哲学认识论为理论依托,以对"美是什么"的本质研究为内容,继而形成了以"实践美学"为代表的认识论美学传统。认识论美学把生动的审美现象人为地划分为主客两极,"美,从其现实的存在中被孤立地提取出来,预设成为一种普遍的、超时空的、不变的审美对象(客体),或从属于外在的客观,或从属于内在的主观,或从属于一种主客调和的关系实体。于是,现实被预设成为等待人去感知、认识、理解的现成客体,美,则成为了脱离现实的本质主义的概念性存在"③。而曾繁仁教授则另辟蹊径,以生态审美为切入点,以存在论的思维方式,力主超越主客二分认识论,继而提出了"生态存在论"的美学观点。"现实不是摆放在某处,等待认识、观赏的现成对象或客体,而是人与自然相激相荡、和合共生的感性的(或实践的)世界。人和自然就共同生存/存在于这个世界之中……现实,不是独立的、外在于人的客观世界,同样也不单纯是人凭借某种愿望想象出来的主观世界,更不是依据概念、判断、推理抽象出来的逻辑世界。现实,就是人存在的世界。"④这意味着其不仅丰富完善了实践美学乃至中国美学发展过程中所忽略的生态审美范畴,而且还将"人—自然—社会"有机地统一在生态整体主义哲学观中,为我国美学学科的向前发展开辟了新的研究路径。

但与此同时,我们也应该看到生态存在论美学观的不足之处。第一,从理论体系构成来看,生态存在论美学观的各个构成部分联系得还不够紧密,这尤其体现在海德格尔生态存在论与中国传统生态审美智慧的当代意蕴之间的联

---

① 参见习近平:《决胜全面建设小康社会 夺取新时代中国特色社会主义伟大胜利——在中国共产党第十九次全国代表大会上的报告》,人民出版社2017年版,第7页。

② 曾繁仁:《生态美学导论》,第64页。

③ 曾繁仁:《生态美学基本问题研究》,第112页。

④ 曾繁仁:《生态美学基本问题研究》,第114页。

系上。从曾繁仁教授近年来发表论文与主持课题的趋势来看,生态存在论美学观的发展(乃至于生态美学整个学科的发展)明显地正在由借鉴西方理论资源为主的话语模式转向为对中国传统哲学与文化资源的发掘与再阐释。但遗憾的是,虽然曾繁仁教授认为我们可以通过会通中西思想资源来建设当代生态美学,但在他的理论体系中以海德格尔存在论思想为主的西方生态理论资源与以中国传统儒释道为主的东方生态智慧仍然是两条平行化的线索,并没有真正有机地结合在一起。但我们也不必在这一点上过于严苛,毕竟如何实现中国古代思想的现代转化与应用是摆在所有中国学术人面前的恒久难题,需要我们共同努力才能实现,而生态美学能从中国传统智慧出发以期冀构建具有中国特色的学术话语体系,这种做法在当下唯西方理论马首是瞻的时代十分难能可贵。

　　第二,从生态存在论美学观的理论构建具体过程来看,虽然曾繁仁教授通过援引海德格尔的存在哲学的"美是真理的自行置入"的观点来极力强调生态美学中真与美、生态与人文乃至审美的统一性。"在这里,存在者之存在在'此在'的领会与阐释中,逐步由遮蔽走向澄明,真理得以自行显现,而美也得以呈现。这就是,存在的澄明、真理的敞开与美的显现的统一,实现了生态观、人文观与审美观的统一。"①但笔者认为,生态存在论美学观对生态之美的阐释仍不到位,缺乏进一步的描述与说明。生态存在论美学观用"存在的敞开与真理的无蔽"回答了生态之美是什么的问题,并通过否认生态之美乃是一种实体化存在的"美"以区别于传统美学中的"自然美""艺术美"等概念。但是作为以现象学为方法论的生态存在论美学观却没有对作为审美现象(审美活动)而存在的生态之美进行进一步的阐释说明,最终导致了本应是对活生生的生态的审美体验描述变成了对它的一般性的哲学话语描述。从存在论哲学的集大成者海德格尔那里来看,即使概念抽象、言语晦涩的他,在描述审美现象的本质时,即在阐释"存在的敞开与真理的无蔽"时,也是以古希腊的神庙遗迹、人工制品的茶壶、凡·高的农鞋绘画、荷尔德林的诗歌为突破口进行阐释的。海德格尔的美学理论看似抽象,其实际上则是借助几千年来人们丰富的艺术审美经验的累积,从而提出这个伟大的命题。其不是无本之源、无土之木的武断理论观念,而是建立在丰富的感性审美实践上的哲理概括。"由于'美'作为存在者遭遇我

---

① 曾繁仁:《生态美学导论》,第462页。

们,它同时也使我们出神,使我们进入对存在的观看。'美'就是这种在自身中对立者,它参与最切近的感官假相,同时又提升到存在之中;它是既令人迷惑又令人出神的东西。所以,正是'美'把我们拉出存在之被遗忘状态,并且把存在观看提供给我们。'美'被称为最能闪耀的东西,而它的闪现是在直接的感性假象领域里进行的。"①而生态存在论美学的不足之处就在于其采取了一种"自上而下"的研究方法,以存在论哲学为理论基础对生态之美加以抽象概括,而缺乏一种"自下而上"的个案描述说明,以现象学描述的方法从具体的审美活动中本质直观到生态之美的存在,从而致使其逐渐偏离了生态美学的实践性特点,亦让理论失去了活生生的审美体验依托,成了理论家自说自话的学术生产。

2. 美感经验与生态美学之再造

(1)生态美学研究困境剖析

作为一门新兴的理论学科,生态美学并没有像传统艺术美学那样拥有大量"形而下"的审美经验研究积累。甚至连"生态"这一观念的提出也不到 150 年的时间(Haeckel,1866),并且这种严格科学意义上的"生态"概念乃是以数学建模式的描述方式才得以成立的。正是这个具有硬科学意味的"生态"概念阻碍了人们对生态系统进行审美鉴赏的可能性生成,对此就有反对者认为:"美学的研究对象就是主体与客体对象之间形成的一种精神性的愉悦感,而生态学的研究对象则是人与自然界的物理关系。因此,可以说,正是由于生态学与美学在研究对象上存在着根本的差异性与不可融合性,必然决定了将生态学与美学硬性地结合在一起的努力如同在动物与植物之间进行配种一样混乱而徒劳。"②但反对者却显然忘记了"生态"这一概念在经过了 20 世纪的"深层生态学""大地伦理学"以及各式各样的生态环保运动之后,已逐渐变为具有人文意涵的软科学概念了。正如威廉斯所言:"1931 年,威尔斯(H. G. Wells)将 economics 视为'生态学(ecology)的一个分支……人类的生态学'。这种看法加速了后来的词义演变;在这个演变里,生态学是一种较普遍的社会关怀……Ecology 与其相关词,从 20 世纪 60 年代末期起,大量地取代了与 environment 相关的词群,且其延

---

① [德]海德格尔:《尼采》上卷,孙周兴译,商务印书馆 2014 年版,第 232 页。
② 王梦湖:《生态美学——一个时髦的伪命题》,《西北师大学报》(社会科学版)2010 年第 2 期。

伸的用法持续扩大。就是从这个时期开始，我们可以发现 ecocrisis（生态危机）、ecocatastrophe（生态灾难）、ecopolitics（生态政治学）和 ecoactivist（生态活跃人士）这些词，以及更具组织的生态团体与政党的成立。由于重视环保的潮流日趋重要且持续成长，所以经济学、政治学与社会理论被重新阐释：其宗旨是关怀人与大自然的关系，并且视这种关怀为制定社会与经济政策的必要基础。"①

即使不考虑"生态"这一概念在 20 世纪后半叶从自然科学向人文社会领域的拓展，但生态美学质疑者无可否认的却是——当我们面对鸢飞鱼跃、草木枯荣的大自然，面对漓江山水并在自身经验中对比大漠孤烟、北极冰封时，我们难道不会惊叹自然的伟大、奇妙吗？难道这不是一种强烈的情感愉悦的体验吗？生态学家的职业可能是对自然进行生态学的调查统计，但对于这些长年在野外工作的人们来说，难道没有一种超越其本职工作之上的一种对大自然的由衷热爱在支撑着他们的活动吗？对于这种体验，康德就曾直言："我们可以看成自然界为了我们而拥有一种恩惠的是，它除了有用的东西之外还如此丰富地施予美和魅力，因此我们才能够热爱大自然，而且能因为它的无限广大而以敬重来看待它，并在这种观赏中自己也感到自己高尚起来。"②在这种对大自然的和谐统一所产生的情感性体验中，我们才能领悟到大自然的意义、自然与人的关系的意义乃至于人本身的生存意义。

但令人遗憾的是，当代大多数生态美学理论构建却不是立足于这种美感体验之上；相反，它们占用大量的篇幅去极力论述生态环保对于当今人类社会的生存的意义。正如刘彦顺教授在《生态美学读本》的导论中所言："我们对生态美学的探讨仍然摆脱不了如下的叙述方式：合乎良性生态要求的就是美的，倡导良性生态的思想就是美学思想。但是，合乎良性生态要求的对象可能是属于生态伦理学、生态经济学、生态文化学等范畴，'美'与'审美'并没有明确出现。"③如果说曾繁仁教授提出生态之美乃是"存在的敞开与真理的无蔽"的观点至少在极力解决生态美学中的美感经验问题的话，那么其他一些的生态美学理论则似乎直接遗忘了审美问题而误把生态哲学当成生态美学来论述。以从中国传统哲学思想构建生态美学的思路出发为例，有观点认为道家哲学乃是一

①　[英]雷蒙·威廉斯：《关键词》，刘建基译，第 185～186 页。
②　[德]康德：《判断力批判》，邓晓芒译，人民出版社 2002 年版，第 231 页。
③　刘彦顺编：《生态美学读本》，北京大学出版社 2011 年版，第 5 页。

种生态智慧。从解释学的观点来看,这当然是无可厚非的。因为《道德经》《庄子》作为一种历史存在的文本总是在阐释者的前理解中被理解,阐释总是具有历史性的,在生态文明时代我们当然可以把"道法自然""以道观之,物无贵贱""万物齐一"等命题阐释为一种古人的生态智慧。但我们能直接把"汝游心于谈,合气于漠,顺物自然而误容私焉,而天下治矣"(《庄子·应帝王》)、"当是时也,阴阳和静,鬼神不扰,四时得节,万物不伤,群生不夭,人虽有知,无所用之,此之谓至一。当是时也,莫之为而常自然"(《庄子·缮性》)、"冬则擭鳖于江,夏则休乎山樊"(《庄子·则阳》)断言为一种生态审美智慧吗?其难道不是一种生态哲学智慧吗?难道顺应自然的行为,懂得自然之道就一定是审美的体验吗?

在这里笔者认为,在当下绝大多数人(包括学界人士)还搞不清楚"生态审美是什么",甚至无法对"生态美"与"自然美"作出区别的时候,换句话说,就是在人们还不具备丰富的生态美感经验积累的时候,就直接以"形而上"的方式将生态美学嫁接在各式各样的中西方理论资源上,无疑会使生态美学这门具有实践品质的年轻学科丧失它独有的现实指导意义,从而沦为理论家自言自语的语言游戏,并让外界人士对生态美学这门本应研究活生生的生态美感经验的应用学科产生一种"假、大、空"的印象。正如对生态美学质疑者所说的那样:"美学以人的审美活动为研究对象,在审美活动中,人以情感的方式观照对象,这种情感的特点就是非功利性,而审美情感的对象则是事物的形式。虽然审美活动总是与其它种种人类活动融为一体,但融合的前提是审美活动保持自己与概念性的认识活动和功利性的道德实践所不同的特质,即审美是一种情感的、感性的、直觉的认知方式。这一点不仅对现代美学有效,而且对任何时代、任何民族的审美活动和美学都有效,脱离这一点就等于脱离了美学的研究领域。"[①]

虽然我们不赞同质疑者认为生态关系中不存在审美情感的论调,但我们同意质疑者的这一观点——生态美学应以人的审美活动为研究对象。生态美学可以呼吁建立良性的生态要求,倡导良性生态的环保理念与思想,但这不是生态美学的主要任务,其只是生态美学通往生态伦理学、生态哲学的一条可能性路径。唯有从人对生态系统之体验的美感经验出发来展开对生态美学理论的

---

① 董志刚:《虚假的美学——质疑生态美学》,《文艺理论与批评》2008 年第 4 期。

建构,才能使生态美学真正凸显出自身的审美含义并区别于生态哲学、生态伦理学等相关学科。不仅如此,从美感经验出发,从对自然系统和谐统一与多样性之间张力的情感性赞叹出发,我们对整体自然趋向统一和谐的情感性赞叹(作为审美客体)激发了主体理性的道德能力,于是自然便与人共同被主体纳入到一个更广阔的道德关系中(作为伦理的主体),我们才能在这种情感联系中将人与自然纳入到"同呼吸,共命运"的生命共同体中。这即是生态美学以美启真、由美及善,从生态美感经验的直觉可感的范围内达成生态伦理共识的途径。于是,出现在一般生态美学理论论述中的逻辑便出现了反转——并非是合乎良性生态要求的就是美的,倡导良性生态的思想就是美学思想;而是美好的生态美感经验要我们去改善良性的生态生存环境,情感体验的生态美学可引出倡导良性生态的思想与实践行动。

(2)生态审美问题研究现状

目前国内对生态美感经验做出清晰定位与研究的成果还不算丰富,且以短篇论文为主,截至目前还没有关于生态美感经验问题的专著面世。而在这些论文中,对生态美感经验的描述存在两种不同的切入路径:一种是以传统美学的美感经验研究为模板来思考生态审美的中审美体验问题。在这类研究论文中,"生态美"似乎与"自然美"或"生命美"相等同,作者往往以"生命和谐""自然和谐"等词汇来指代生态美感经验的本质意义。与此对应,另一种观点则认为生态审美体验区别于传统审美经验并需要新的理论与方法进行理论构建。为了与认识论美学中"自然美"的鉴赏模式相区别,他们往往另辟蹊径,主张从"身体""感官"等视角出发来建构生态审美理论。

李大西在《生态美感的顿然获得与渐入》一文中提出生态美感的生成需要主客体的和谐,审美主体对客体进行观照时,主、客体的和谐是在瞬间达成的,主体身心愉悦,这种感受具有偶然性,不是事先约定的,是当下达成的。而这种美感还需要靠机缘或运气才能生成,例如主体对客体所蕴含的生命力的节奏韵律和情感价值取向的认知应尽可能确定;主体自身潜在的生命节律和韵律、情感态度应有很大的包容性并能调节自如。① 也就是说,审美体验只有在主、客体双方契合的前提下才能产生,这带有很大的随意性色彩,不是主观可以决定的,

---

① 参见李大西:《生态美感的顿然获得与渐入》,《社会科学战线》2007 年第 2 期。

但是主体能力却可以将这种偶得的美感持续下来。在此基础之上,李大西将生态美感分为顿然获得和渐入两种形态。

与李大西类似,盖光也意识到生态审美体验是在各种个体生命之间的"共鸣"。他在《生态审美的生态哲学基础》一文中指出生态审美旨在破解自然及生命的神秘性,体现其真实性,彰显生命的形式,挖掘生命的意义。它首先呈现为人的精神活动方式,通过人的感性生命的体验,构筑多样化生命运动,展示生命活动的共生性和有机性,为人们创造自由感悟生命的情境。在各个生命体的碰撞运动中人们发掘出各种生命之间的联系,生态审美体验是在现实的生活背后的精神联结,看起来虚幻模糊,但却蕴藏着生存的目的与意义。它是人类最高的自由活动方式,不是实体性地建立人与自然的关系,自然不只是作为获取生存的源泉,更是作为共生的资源,人们体认自然的内在价值,寻求与自然的心灵感应,从而解放了人的主体能力。①

孙丽君则把主、客体的统一上升到自我意识领域,审美经验必须发生在人的意识领域之中。他在《生态视野中的审美经验》中强调生态美学审美的实质就是一种和谐感,他把生命共生的情境称为家园,而审美经验的本质就是一种存在论基础上的家园意识。人类生活在家园之中,只有意识到家园对自我的构成性,人才可能获得存在的真理,生态美学审美体验就是人与外部世界、与自我的和解。② 他虽然利用了海德格尔的家园意识,但实际上还是把审美体验理解为主体与世界的对话,是人将自身投射于外物又通过外物认识自我的过程。人不是通过外物来证明自己而是在自我意识中构建自我存在的终极性本源认识,类似于黑格尔绝对精神的辩证运动。

与这些将生态美感经验归之于客体符合主体期待与要求、继而在审美主体意识里产生关于自然和谐美感的论述不同,其他学者们持有生态审美不同于已有的自然美或环境美的审美体验的观点。对他们而言,传统美学中人们对审美客体的审美体验要么是剥离了人本身功利诉求的一种静观,要么是将自己的情感转移到事物之上的移情,但是这两种审美手段都不再适用于生态美学的审美体验过程。

---

① 参见盖光:《论生态审美体验》,《学术研究》2007 年第 3 期。
② 参见孙丽君:《生态视野中的审美经验——以现象学为基点》,《社会科学家》2011 年第 9 期。

彭锋在《从普遍联系到完全孤立———兼谈生态美学如何可能》一文中指明了生态美学的困境:首先是审美经验上的困境。那种基于普遍联系原则上的生态美学所主张的对自然物的经验不是审美经验而是认识经验或伦理经验,而基于完全孤立原则上的生态美学所主张的对自然物的经验则是一种典型的审美经验,尽管从这种经验中可以派生出它的认识论和伦理学维度。其次是对他者的审美欣赏上的困境。那种基于普遍联系原则上的生态美学所主张的对他者的欣赏实际上是欣赏他者与自我的相似性,从而不是对他者的他性的真正欣赏,而基于完全孤立原则上的生态美学不仅能够真正欣赏他者的他性,而且能够确保对他者的欣赏既不是伦理学意义上的尊重,也不是认识论意义上的赏识,而是审美意义上的欣赏。①

另一个方面,为了跳出传统思辨美学的形而上学思维模式,一些学者还从人的身体体验出发论述了生态审美的发生机制。形而上的思考会让审美远离生活、将审美现象束之高阁而独尊美的本质的理论表述,所以人们要重新看待生态审美的发生,就要从人基础的身体感官体验出发,再深入思考生态对主体精神意识的作用。

刘成纪认为生态审美建立在自然物属性和功能重新认知的基础上,比一般的"自然美"涉及更深层次的内涵。他在《什么是审美体验——海德格尔的艺术终结论与审美体验理论的重建》中提出所谓审美体验不仅仅是人以精神、情感或视觉、听觉与对象建立单向度的关联,而是以身体无限的内在丰富性对自然对象的全方位融入。在《生态美学的理论危机与再造路径》一文中,他更是直言:"审美过程既是作为身体主体的人向对象的无限沉入和敞开,也是作为对象的自然向人的无限融合和进入。这种双方无条件将自己交出的状况,正是生态美学关于人和世界和谐共存的审美理想。"②

与之类似,陈国雄也在《环境体验的审美描述》中强调生态审美感知的联觉——通过身体与环境相互渗透,使人成为环境的一分子,不仅仅是通过色彩、质地和形状,而且还要通过呼吸、气味、皮肤等等。生态美学的审美体验不仅仅

---

① 参见彭锋:《从普遍联系到完全孤立——兼谈生态美学如何可能》,《江苏大学学报》(社会科学版)2005 年第 6 期。
② 刘成纪:《生态美学的理论危机与再造路径》,《陕西师范大学学报》(哲学社会科学版)2011 年第 2 期。

是用五官感受,更重要的是将感官与身体结合起来,将人全身心地投入其中。他还提出审美经验是一种与实践经验相关的功利向审美的超融,它存在于鲜活的审美感知中,不是简单的感官合并,而是各种知觉的持续生成与一体化。它生成于个体的审美经验中,融合了地域体验,建构起最深沉的家园感。身体体验带给人审美的差异性,也带给人身处其中的熟悉感与乡愁。①

刘彦顺在在《身体快感与生态审美哲学的逻辑起点》中将这种差异性诠释为"空间感",生态审美体验要求人是以全面的身体感觉参与的,自然环境材料的构成要素决定了人参与身体感知的器官。人借由身体知晓世界,身体知觉对环境的体验就拓展了一个新的空间,人把自身意向投射到世界,再通过互动形成一个场域。② 他在《论"生态美学"的"身体"、"空间感"与"时间性"》中进一步说明生态美学原初体验应当是一种"空间感",即试图通过揭示性的理解接近原初的空间体验,质料上的空间对象构造十分复杂,这给人感受带来了丰富的层次性。"空间感"还具有一定的时间性,是各个事物之间的同时性关系,在同一空间中的多种对象纷繁复杂,它们与人之间也是一种客观时间的同时并列关系。这里的"空间感"是建立在身体感知之上,不是形而上学的对象化过程,避免审美又步入思辨哲学的老路,带给审美体验源源不断的新质料。③

袁鼎生在《生态美感的本质与结构》中认为人对审美生境快适愉悦的统觉、通觉、通识、通融与通转,形成快悦通感,构成生态美感,它作为此前审美人生的积淀,以快悦整觉的形式存在于人,成为身心定势。随着生态审美活动的持续,这种快悦整觉意义汇入对审美生境的通觉、通识、通融中重组再造,形成了整生性审美体验。④ 他从人的感官通觉出发将人的各种认知与直觉纳入到审美轨道中,阐述了整体生成的审美结构。这相比于之前学者提出的"和谐共生"理论更为细化了人在审美体验中发挥的作用。

程相占在《生态智慧与地方性审美经验》中较为全面地论述了生态审美经验的生成过程,他认为审美经验是根—识—境和合而形成的幻象:审美活动是

---

① 参见陈国雄:《环境体验的审美描述——环境美学视野中的审美经验剖析》,《郑州大学学报》(哲学社会科学版)2014年第6期。

② 参见刘彦顺:《身体快感与生态审美哲学的逻辑起点》,《天津社会科学》2008年第3期

③ 参见刘彦顺:《从"时间性"论生态美学对象的完整性》,《山东社会科学》2013年第5期。

④ 参见袁鼎生:《生态美感的本质与结构》,《中南民族大学学报》(人文社会科学版)2008年第5期。

人类感官(六根)对于外物感性形态的直观,而直观活动又并非动物式的本能反应,而是在文化意识的支配下的直觉,是一种心灵活动。作为共同的人类,各民族的生理感官功能基本上是一致的;各地区千差万别的自然环境对于塑造当地文化具有奠基作用,作为审美对象可以对应于佛学中的"境"。各民族长期的繁衍生息过程中形成了各自的文化传统,具有各自相对稳定的文化心理和审美趣味标准,这些差异抽象为文化意识。①

(3)生态审美经验与生态美学之再造

从以上关于生态美感经验的研究中我们可以看出生态美感经验有以下几点特征:首先,它区别于传统美学的"自然美"范畴。自然美或将自然比附于艺术从而形成"风景如画"论的审美模式,或将自然事物看作是拟人化的存在而形成"我见青山多妩媚,料青山见我应如是"移情论。而生态之美的体验则是"人与自然须臾难离的生态系统与生态整体的美",其不是对某个或几个自然事物的鉴赏,而是对包含了所有自然事物的整个地球生态圈的一种审美化、情感性的把握。其次,生态美学具有强烈的参与感。这种参与感与西方环境美学所提出的"参与美学"的思想是一致的,其不是在无利害的静观中对自然事物的优美形式的领略,而是我全身心投入大自然中对生态世界的一种体悟。正如阿诺德·柏林特所言:"审美介入使感知者和对象结合成一个知觉统一体。它建立了一种连贯性,这种连贯性至少展示了三种相关的特性:连续性、知觉的一体化和参与。连续性借助使审美经验获得同一性的要素和力量的不可分割性(尽管并非不可区分)促进了这种统一。当感觉加入意思和意义的共鸣时,知觉的一体化就以共同感觉(感觉的经验性融合)的形式出现了。欣赏者通过促成构成审美过程的各要素的统一而参与了审美。"②以身体感知觉为审美经验的基础,从一种参与的角度进而对生态之美进行解读,已成为大部分研究者所取得的共识。

以生态旅游与风景旅游的区分为例,风景旅游仍是一种将自然美景比拟为"风景如画"的景观体验;而生态旅游则是一种强调游者参与到与自然的互动中的全新体验方式。生态旅游"所关注的总是那些具有丰富、多样、独特的生态资

---

① 参见程相占:《生态智慧与地方性审美经验》,《江苏大学学报》(社会科学版)2005年第4期。

② [美]阿诺德·贝林特:《艺术与介入》,李媛媛译,商务印书馆2013年版,第65～66页。

源的风景,让旅游者置身其中,与生态系统中的各种动植物、山川、水流亲密接触,相互交流,从而感受到自身与生态环境的一体性,把自己当成生态循环的一个环节,而不是把景物当作端详、把玩的对象"①。这种区别在于,认识论美学中对自然审美的鉴赏是一种从理论到经验的自上而下的过程;而生态美学中对生态审美的体验则是一种从身体感知到实践参与再到理论概括的自下而上的过程。因此,从生态审美经验出发而非从对生态之美的定义出发,自下而上而非自上而下地构建生态美学理论的体系大厦,便成为了解决当下生态美学学科发展只谈生态哲学而不谈生态审美之瓶颈的最佳解决方案。

在这里我们认为,从具象的审美经验入手构建生态美学理论路径具有以下几点意义:

第一,生态审美经验具有实践性,通过具体的生态审美实践可以以审美的方式唤醒在现实生存状况中的人们对良性生态环境的向往。当下我国生态环境问题恶化日益加剧,雾霾、沙尘暴、泥石流、水污染、重金属污染等已经严重影响到了人们的正常生产生活。人们对恶劣的生态环境日益产生反感之情的同时也渴望在良好的生态环境中生活并获得一种美的、愉悦的体验。所有美学研究者几乎不能否认的是,生态向性是人的存在的一个重要组成部分,人对自然生态的亲和与情感体验是人的本性的重要组成部分。生态化生存的本质就是人对良性生态自然环境的热爱与向往,生态审美与人的"存在"息息相关。这就意味着生态美学不仅是一门空谈理论的学科,而且还是指导人"诗意地栖居"的关于实践、实存的具有人文关怀的一门学科。因此,研究生态美学中的审美经验问题不仅可以让人们更好地理解生态美学这门学科,更重要的是通过切身的生态审美体验激起人们对良好生态环境的向往,以审美的方式唤醒人们的生态意识,从而促进人与自然的和谐相处。从审美经验出发,使生态美学可以真真正正地融入到人们的实际生活当中去。

第二,研究生态美学中的审美经验问题也是完善和发展生态美学学科的内在需要。如前所述,随着党的十八大会议提出建设生态文明的口号后,国内就兴起了一股"生态美学热",一时间在学术圈中关于生态美学的研究论文数量呈指数级式的增长爆发。笔者总结概括下来,认为这股"生态美学热"的研究思路

---

① 曾繁仁:《生态美学基本问题研究》,第149页。

无外乎两种：一是做"形而上"式的生态哲学概括，将精力置放于构建生态美学理论体系之上，提出生态美学的各式"范畴"，而（无意或有意地）忽略具体的生态审美体验。这种研究只见森林而不见树木，将生态审美等同于生态哲学，只见抽象的理论描述概括而不见活生生的生态审美现象。二是做"形而下"的生态文艺学研究，将生态式的思维或者一些生态概念引入传统的文艺学甚至是传统哲学的研究领域。以生态观点重新审视古今中外的文艺作品、经史子集，期冀从作品文本中重新挖掘其包含着生态审美因素的一面。这种追求理论与观点创新的案例分析往往以刻意的"求新"为目的，对于生态审美的丰富而又深刻的理论内涵要么是寥寥数笔、蜻蜓点水般一笔带过，要么是完全照搬其他的生态哲学、生态伦理学的理论话语，导致其研究由于理论契合的欠缺而稍显生搬硬套的痕迹。笔者认为，正是这两种研究倾向导致了当今生态美学的理论危机，使得圈子内部的研究者自说自话的同时，外界人士却对此领域的理论感到难以理解。就像人人都可以不懂文艺理论而对文学艺术鉴赏提出自己的观点一样，这是因为人人都有关于文艺的审美经验。与之对比，外行人却不能在不了解生态美学理论的前提下对"生态美"发挥自己的见解感悟，这难道是因为生态理论研究者有生态审美体验而外行人没有吗？任何审美都是先有审美现象而后才有审美理论，生态美学的理论建构难道不应如此吗？笔者认为正是由于学界忽略了生态美学中的核心问题——生态审美经验，生态之"美"在这些研究中并没有被读者切切实实地感受到，才导致了一方面理论陷入玄谈，另一方面案例分析也缺乏理论深度，继而使生态美学这门学科往往让外界人士"不知所云"。而只有从生态审美经验着手，从普通人对生态世界的可感可知可描述的体验着手，才能构建联系生态审美理论与具体生态审美实践的桥梁。

第三，关于生态美学中审美经验问题的研究也有利于我国美学学科的向前发展。我国美学学科的发展长期拘囿于认识论的模式之下，使得其理论知识与艺术的发展以及生活的需要相去渐远。而现代西方美学发展潮流给我们的启示就是美学研究已经从重视"美的本质"问题转向了关于审美经验问题的研究。当下我国美学学科的发展在越过"实践美学"的高峰之后呈现多元化发展的趋势，审美的泛化或者审美的生活化无疑是与当代人的生存方式遥相呼应的。因此，传统的审美经验（或关于美的本质）表述已经不适用于这些新兴的美学学科领域（如对生态美学、科技美学、生活美学、审美文化学等）的阐释，研究这些新兴的学科领域就要用新的理论方法去研究该领域所特有的审美经验问题。而生态美学中关于审美经验的研究就是这其中的一例，这样做不仅有利于新兴学科领域的自身发展，而且还推动了美学学科本身的向前发展。

第二节　生态审美经验概述

与生态美学中美感经验问题遭到了理论家的普遍忽视的境遇类似，在传统文艺审美中关于审美经验的研究似乎也要比美的本质研究低人一等。从柏拉图在《大希庇阿斯篇》中认为"美的本质"在"美的少女""美的陶罐"之上起统摄作用开始，西方美学历来重视对美的本质的探寻而忽视活生生的审美经验现象，从其"理念论"到黑格尔的"美是理念的感性显现"，无不重视对"美"的抽象理解。然而自 20 世纪起，特别是自分析哲学以后，美学家由对美的本质的分析逐渐转向对美的现象特别是审美经验现象的关注上来。美是什么？艺术是什么？审美经验是什么？这些传统问题在分析哲学的语言分析下已支离破碎，成为了理论家陈旧的语言游戏而无实质意义。新的美学理论已不能再执念于对"美的本质"的追求，转而转向了以"自下而上"的方式对审美经验、审美现象等问题的研究与阐释。当代西方美学对审美经验问题的研究不仅把"美的本质"等相关理论束之高阁，更重要的是，它在拒绝"理念""上帝""绝对精神"等抽象存在对审美的统摄的同时，也将审美重新放在了人间，拉近了审美与生活、与实践、与存在的距离。经过 20 世纪如杜威实用主义美学、现象学美学、后现代主义美学、舒斯特曼身体美学等新兴理论的倡导，可以说审美经验已经大大超出了传统艺术的范围——如美国学者罗伯特所言："审美几乎遍布各处，既可以在艺术作品和自然对象，又可以在许多日常生活对象那里找到，服装、装饰、房屋装修，包括烤炉、汽车、包装这类日常生活用品，乃至仪表姿态和我们的人造环境等等，均是如此。"①

审美经验的丰富与审美对象范围的延展是生态美学产生的必要条件，这就注定了生态美学应该建立在坚实的"自下而上"的研究基础之上。因此，面对新

---

① Robert Stecker. *Aesthetic Experience and Aesthetic Value.* Philosophy Compass, 2006, p. 1.

兴的生态美学,我们不仅应该从哲学理论的高度去阐释其"美的本质",也应该顺应美学发展的趋势从审美经验着手进行研究。在本节中,我们将先考察审美经验的学术演变轨迹,继而在现象学审美经验理论的视域中审视生态美学中的生态审美经验问题。

1. 由隐到显:审美经验的发展史

审美经验是美学史中的存在与定位乃是一个看似简单实则复杂的问题,正如波兰美学家塔塔尔凯维奇所说:"人们一味认识美感经验(审美经验)十分容易,但是想要去表述它的特征和要素却显得相当困难。"①

最初人们只是将审美经验视为琐碎的个体化的感官享受。个体的差异性使得人们一直忽视了审美经验的研究,只是在审美实践活动中总结出一些规律与共性,例如审美体验一定是愉悦的或是审美经验也要遵循某些规则。柏拉图发现绝大多数美的观念都是在美的事物中提取一些美的共性,也就是说美总是相似的,于是人们才能在审美中对美及美的标准达成共识。美是一种理念,而美的事物是现象,是对美的理念的分有。他的这种观点来自于他的理念论体系,他认为把世界分为理念世界与经验世界,美、善等概念都存在于单纯的理念世界,而经验世界是对理念世界的模仿,这种模仿是从低到高层级分明的显现,低一级的事物模仿低一级的理念,而低一级的理念又朝向高一级的理念,最终所有理念都朝向善。善的理念如同太阳一般普照大地,美的事物一定具有善的特征,美统一于善。美的事物千变万化而美的理念却永恒不变,所以审美经验的对象都存在于经验世界,是关于美的事物的观念而非本质。在柏拉图这里审美经验是一种心理体验,是非理性的迷狂状态。普通人的审美经验都是模仿,只有少数天才才能达到真正的审美境界。他强调审美经验既会受到肉体因素的影响也会因为理念因素而变化,所以人们应当尽量向美的理念回归。尽管人们会受到沉重肉体的束缚,但是还是可以通过自省达到理念世界中美的景象,这便是他的灵魂回忆说。柏拉图将审美体验抽象化,认为人只有远离经验世界、远离感官享受才能把握真正的美。

---

① [波兰]塔塔尔凯维奇:《西方六大美学观念史》,刘文潭译,上海译文出版社 2013 年版,第 356 页。

亚里士多德并不认同他老师的观点,他认为事物之间的某种共性并不是来自于虚无缥缈的"理念",而是处在现实事物之中。看似本质的理念实则为人们主观意志的结果,其并不是真理,也不是事物存在的理由。他考察了多种事物具有的特征,认为事物存在的基础其实是其质料与形式,而事物存在的本质应该是形式。这个形式主要是指实体,"是其所是"的原因,存在于感性事物之中。美是形式而非理念,它体现在各种各样美的事物之中。亚里士多德也认为审美是一种模仿,但其与柏拉图不同的是,审美并不是对理念的模仿而是对形式的分有,人们理解了美的形式也就把握了美的本质。他否认了理念的存在,揭示了其虚无的本质,认为审美离不开个体的体验,承认了经验个体的主体性地位。但人并不仅仅具有差异性,还具有将感性杂多的事物进行整理归纳的能力,这也是形式的统一力量。审美体验常常表现为一种快感,是人生来所具有的,这种快感可以净化人的情感,从而达到更高层次形式上的统一。亚里士多德将感性与理性、现实与理想等二元对立的因素融合起来,让美既有了可触摸的感观形式也具有可以想象的本质形式。

审美经验自古希腊以来都在追求一种抽象的远离感性的精神境界,到了中世纪,这个审美主体直接变成了宗教神学中的上帝,上帝代表了最高级的美,所有的感性经验最终都会走向上帝,这也是人回归本质的过程。事实上,当时许多神学家,如奥古斯丁对于感性的审美体验是排斥的,因为其玷污了上帝的纯洁。人们对美的认知与古希腊时期相类似,表现为一种形式美,认为一种对称、比例、和谐、秩序等才是美的代表。

文艺复兴运动兴起后,审美经验的主体才从上帝那里回到了人本身,人不再是被动的感受者和接受者,而是成为审美体验的主体,以中世纪为代表的传统审美观念遭到了猛烈的批判。其中,经验主义者对审美经验的探讨最深入,他们将知识归因于经验,人们具有观察归纳材料的能力,审美经验则运用的是人的想象力。培根认为审美经验是人的想象力对材料进行再构得出的,而霍布斯认为这种想象是物质运动的结果。洛克认为,知识来自于感觉与反省,而想象则是一种欺骗,其无法认识到事物的真理。休谟继承了洛克的知识论,认为审美经验来自于感觉,是一种主体情感。休谟认为审美实际上是主体的某种特殊趣味与对象的特殊结构和秩序发生作用后产生的,是一种"同情"。

在弥合了英国经验主义美学与欧陆理性主义美学的裂痕后,康德细化了审美的内容,强调审美是主体利用先天形式规定客体的过程。审美体验并不具有目的性,也不具有功利性,甚至没有任何必然性的判断。因为美是一种"无目的的合目的性",所以审美经验只与先天形式相关。而到了黑格尔那里,他则认为美和真是一回事,二者具有一致性,但是不能将感性的具体的经验从审美中剔除掉,因为审美经验是人回归真、善、美的必经阶段。德国古典美学从将真、善、美三分再到将美与真善统一起来的发展历程,亦是审美经验从贴近人的生活到远离了人们的生活的一个过程。

经过马克思关于人的实践、感性的相关论述后,人们冲破了狭隘的理性的束缚。在美学上,由于非理性主义思潮的兴起以及现代社会科学的细致分化与进展,自我被完全解放开来,将自我的审美感官提升到首位,审美经验理论产生了移情说与距离说两种不同的观点。移情说的代表人物是洛采和费舍尔,他认为审美是在主体与对象的相互作用中产生的,这种感官经验实际上是移情的过程,也就是说"审美主体把自己的情感、意志和思想投射到对象上去"①。人们的审美对象并不是事物本身而是在人的审美过程中虚构出来的,如同"情人眼里出西施"的道理一般。主体的移情塑造出关于事物的"空间意象",于是人们对事物产生出美的观念。审美过程是主体对自身进行的客观化评价,人们在其中获得了一种自我价值的实现。距离说则与移情说完全相反,其认为只有对象与主体之间保持适当的距离才能获得审美的感官。爱德华·布洛强调主体审美必须秉承一种非功利的精神,这就要求人与审美对象之间保持距离,由此才能以一种单纯的角度进行审美实践。

在美学史通常流行这样的一种观点:把审美现象看作是事物本质显现出的表象,将审美经验看作是感性的、易逝的存在。这即是认识论美学的观点,它在视审美为自下而上以感性的方式达到对"理念""上帝""存在"等美的本质的认识方法的同时,也忽视了具象的审美体验在审美活动中的重要作用。直到20世纪"审美活动才从认识活动之中独立出来,审美经验才被放入到本体论而非认识论的层面"②。维特根斯坦指出,艺术所要表达的东西就是审美本身,审美对象就是生活。杜威认为,人的本质就是生活,最主要的目的就是生活幸福,生

---

① 蒋孔阳、朱立元主编:《西方美学通史》第5卷,上海文艺出版社1999年版,第109页。
② 张宝贵:《西方审美经验观念史》,上海交通大学出版社2011年版,第2页。

活经验就是审美。他指出,理性只是帮助人们认识生活的工具,并不具有本源意义。经验不应当被某种形而上学的东西笼罩,而是在时间和空间中展示人们行为的全部过程,主体与客体、主观与客观、感性与理性都同意于人的生活经验。人们的经验是实实在在的生活,不是抽象的概念,人从经验出发经过反省又回到经验事物的过程就是审美。经验具有整体性,它是感性杂多的统一,是人具有的特殊的知觉能力。人的经验是感性的多样的,但是人可以把普遍联系的多种经验整一于人自身,帮助人形成一个新的体验。杜威将人审美的过程总结为"需要—阻力—平衡"的模式,这个模式在人的行为与结果中轮番操作。杜威强调审美过程中人的主动行为,只有人对对象采取了固定的操作才能感受到美。他不排斥审美过程中理性的作用,但是理性不能僭越,不能离开生活。杜威将审美活动从一种抽象的完美的形而上学拉回到人们的现实生活中,给审美添上了一抹人的色彩,将美还给了创造和享受美的主体。艺术和审美对人来说并不是高高在上的,而是人对愉悦的经验不可遏制的冲动,其只有与人的生活密切联系,才能获得人们的认可和普遍的赞赏。审美来源于生活,只有在生活经验中才能找到人审美的价值与意义,这就是杜威的生活美学。

杜威的生活美学是实用主义美学的代表,体现了一种大众的审美情趣,受到了人们的追捧。许多后现代美学家在遭遇理论的瓶颈之时都诉诸实用主义美学,新的实用主义美学甚嚣尘上,舒斯特曼作为新一代实用美学思想的代表受到人们的追捧。他反对人们沉浸在分析哲学构建的语言游戏中,强调社会实践与语言分析的分歧,主张走出语言困境进而回归社会实践。舒斯特曼认为审美经验至少应当具备以下几个特征:"审美经验在本质上是有价值和令人愉悦的,它是某种可被生动感受和主观品味的东西,不仅仅是感觉还具有意义的经验,是与艺术独特性紧密相连的独特经验。"[①]在他看来,杜威对审美经验的运用主要是为了恢复生命的审美常态与审美经验的连续性,艺术审美并不是封存在殿堂中的神圣客体,而是在审美主体上。舒斯特曼强调艺术的本质是人在艺术品中得以创造和感受的那种动态和发展的经验行为。他批判那些利用审美经验去区分艺术品的行为,并认为这会形成高级与低级的划分,使得低级艺术受

---

① [美]理查德·舒斯特曼:《生活即审美:审美经验和生活艺术》,彭锋译,北京大学出版社2007年版,第21页。

到冷落。如果审美经验要担负起评价的任务,那么就要抛弃经验中的主观性内容。他还强调现代社会信息流的复杂与繁多削弱了人们处理信息的能力的同时也破坏艺术审美的统一性。审美经验可以帮助人们避免被机器所同化,在审美中人们越集中,其经验就越能得到强化,由此带给人生活愉悦感与丰富性。"审美经验不是去定义艺术或是去证明评判的正确性,它是指导性的,提醒人们在艺术中和在生活中什么是值得追求的。"①

除了杜威以外,还有许多哲学家对形而上学展开猛烈的批判,并且在解构形而上学的过程中形成了新的审美经验观念,其中现象学派最为突出。由胡塞尔开启的现象学思潮波及20世纪哲学的各个领域,美学是其中之一,其意向性理论和先验意识给人们带来了新的观念。意向性是指"一切对象都是在意识中生成的意向对象",其主要是为了排除主客二分带来的二元对立,这为现象学美学指明了一条新的思路。随后英伽登延续着胡塞尔的步伐,对审美意向性做了深入的考察。他认为审美对象是一个特殊的存在,即一种纯意向性的客体,它总是存在于一定的时间中,并且在保持一致性的前提下不断变化。以文学作品为例,审美对象是一个多层次的构造体系,这些层次彼此独立又相互依存,带给人一种开放的审美形式。英伽登强调主、客体的关系是审美活动的前提,也是审美对象的来源,任何审美对象都是在主、客体的共同作用下产生的。"审美经验是一个合成过程,具有不同的阶段、包含不同的要素。首先是产生初始情感,其次是在观照中弥补不足重构对象,最后是对新的对象的静观与享受。"②英伽登建构起的现象学美学理论大厦,到杜弗海纳这里进入顶峰。杜弗莱纳将胡塞尔的意向性理论延伸至审美领域,意向行为与意向对象表现为审美知觉与审美对象的基本结构。其认为人们首先要区分艺术作品与审美对象,艺术作品只有进入到审美领域才能成为审美对象,其中欣赏者要利用自己的知觉完成艺术作品向审美对象的转变。艺术作品属于创作者的结晶,而审美对象是欣赏者的再造,同一个艺术品可能对不同人来说呈现出不同的审美样态。审美知觉就是人与生俱来的先验情感,"审美知觉专注于对象自身,关注对象的充分发展,寻求

---

① [美]理查德·舒斯特曼:《生活即审美:审美经验和生活艺术》,彭锋译,第43页。
② 蒋孔阳、朱立元主编:《西方美学通史》第6卷,上海文艺出版社1999年版,第426页。

的是在感性直观中被直接给予的真理"①。在审美的过程中主体与客体是相统一的,审美体验是人与审美对象相互作用的过程,人在欣赏的同时还调动自己的知觉能力对对象进行整合,从而形成一个类主体。审美知觉是理解与情感的融合,是一个反思性的情感世界,在这里人们既是观察者也是参与者。这是一种审美接受论观点,审美经验不是创造者而是欣赏者对审美对象所产生的审美体验。

2. 生态审美经验研究的现象学方法

现当代西方美学对审美经验问题研究的重视,表明美学家们的思维方式已经由对"美是什么"问题的认识转到了对"美的现象是什么"的阐释。正如朱立元教授所言:"像审美移情说、审美心理距离说、接受美学、阐释学美学、经验美学等,都很注意把审美主客体联系起来,探讨审美经验活动中发生的各种现象,分析其中的实际体验。不是说人们已不再关心美的本质问题,这方面的研究仍有人在做。只是从主流趋向上看,人们大多已不再看重,或者已不再相信审美现象有着共同的本质。"②从注重"自上而下"地对美的本质界定到从审美经验出发"自下而上"地研究审美现象,不仅重新定义了美学学科的定义,而且还丰富了美学研究的对象、扩展了美学研究的范围。从审美活动出发,意味着美学不再拘囿于哲学的范围内而可以从各种日常生活中实存的经验现象出发来探讨其中蕴含的美感与审美规律问题。除了从哲学学科汲取养分之外,美学还可以同其他诸如艺术学、认知科学、伦理学、生态学等等学科形成交叉,继而丰富了美学分支学科的种类范围(而生态美学亦是在这样的一个学科转向背景下的产物)。正是从这一点出发,我们认为对生态美学的研究不能走传统认识论美学的老路,强调对"生态美"的抽象哲理概括。只有从生态审美现象、从人与自然的和谐关系中寻找审美主体(人)对审美客体(生态系统)所生发的审美经验出发,生态美学才能在坚实且丰富的感性体验基础之上建造起理论的大厦。

但在研究生态美学中的审美经验问题之前,我们先要理解什么是"生态美"。在这里笔者认为,"生态美"不是"生态美学"。生态美学虽然研究的是生

①　张云鹏、胡艺珊:《现象学方法与美学——从胡塞尔到杜夫海纳》,浙江大学出版社 2007 年版,第 214 页。

②　转引自张宝贵:《西方审美经验观念史》,第 1 页。

态美,但生态美却不是一种现成的、实体化的美学范畴。生态美乃是一种具象的、生动的审美现象,质疑生态美学的学者可以质疑生态美学的理论建构与表述,但他们却不能否认我们面对大自然的丰富多彩而发出的对生物间和谐统一与多样竞争张力间溢于言表的赞叹之情。

接着这个表述,笔者认为"生态美"既不属于、也不是"自然美"。一方面,"自然美"是传统美学划分体系下的产物,其一般与"艺术美"或"社会美"相对应,具有认识论的色彩,是理论在具体自然景色鉴赏之上的应用。而"生态美"则属于一种审美现象、审美体验,我们只是把这种丰富多彩的审美经验以"生态美"命名指代而已。正如曾繁仁教授所说:"自然之美不是实体之美,而是生态系统中的关系之美。它不是主客二分的客观的典型之美,也不是主观的精神之美。"①另一方面,"自然美"中的审美体验针对的只是作为审美客体的某一个或几个具体的自然事物。如李泽厚所说,它是一个由感知到理解到想象再到情感的美感生发过程——审美愉快(美感)"是多种心理功能(理解、感知、想象、情感等等)的总和结构,是复杂的、变项很多的数学方程式。这些变项被组织在一种不同种类、性质的动态平衡中,不同比例的配合可以形成不同类型的美感"②。而"生态美"却不是针对某一自然物的鉴赏,它的研究对象是将所有自然物(包括作为审美主体的人本身)囊括在内的整个生态系统。而如何从具体的自然景物的审美出发达到对生态系统的审美理解,就成了生态审美经验问题研究的核心了。质疑生态美学的观点认为:"美学的研究对象就是主体与客体对象之间形成的一种精神性的愉悦感,而生态学的研究对象则是人与自然界的物理关系。"③他们往往认为生态关系与审美关系是完全不同的两种关系,因而无法有效地嫁接在一起。这种质疑不无道理,在质疑者看来"生态"乃是一个抽象的概念存在,而"审美"则是一个感性的情感化体验,审美主体如何从一个科学概念(或一种客观关系)中生发出对这一抽象客体的美感体验来,在他们看来是不可理解的。

之所以有这样的困惑,是因为质疑者们还没有跳出认识论思维模式的框架。在他们脑海中还是默认着古典哲学中的知情意、真善美的人为划分,不自

①　曾繁仁:《生态存在论美学视野中的自然之美》,《文艺研究》2011年第6期。
②　李泽厚:《华夏美学·美学四讲》,三联书店2008年版,第326页。
③　王梦湖:《生态美学——一个时髦的伪命题》,《西北师大学报》(社会科学版)2010年第2期。

觉地用这种分类体系去"理论指导"具体的现象与实践。对于人与自然的关系，他们首先想到的便是一种抽象的主客认识关系，而非一种存在意义上的亲缘关系。从这一态度出发，自然便只能被当作一个亟待认识与改造的科学意涵上的客体了，自然而然也不存在人对自然的审美关系了，在这种关系与分类体系中生态美学当然是不能成立的。但如果我们换一种态度，不从已有的康德意义上的先验认知范畴去网罗具体的现象，不从认识出发而回到我们对自然具体事物的体验，我们或许就会有不同的收获。而这一对自然（不论是作为整体的大自然，还是具象化的自然事物）的态度转变，就是现象学意义上的转变。

关于现象学，其创始人胡塞尔认为，纯粹现象学是一门关于"纯粹现象"的本质学说，这就是说，它不立足于那种通过超越的统觉而被给予的物理的和动物的自然，亦即心理物理自然的基地之上，它不作任何与超越意识的对象有关的经验设定和判断设定；也就是说，他不确定任何关于物理的和心理的自然现实的真理（即不确定任何在历史意义上的心理学真理）并且不把任何真理作为前提、作为定律接受下来。① 这即是现象学对自然态度的"悬隔"态度，它一方面排除了对于世界存在的设定，使主体意识中的世界观被排除在现象之外，另一方面又将心灵哲学意义上的"自我"也排除在了现象之外。通过这种现象学的还原而剩余下来的东西，才是我们绝对不可以再怀疑的明见性的基底。从这种态度出发，"美"不是一种本质或有待于认识的客体对象，美乃是一种现象。正如张祥龙教授所言，美是"人的'美感经验'感受到的，也就是在人的感知中当场投入地、活生生地体验（erleben）到的；绝不会有纯概念式的美感体验，也就是所谓'不借任何可感事物的帮助，通过一系列的步骤，从理念开始，再从理念到理念，最后下降到理念而终止'式的对美的体认……这种活生生的体验'总是居中的'。这里'居中'的含义是指不落实到任何观念对象——比如感觉与知性、实用与纯理、近与远、自由与规则、本能与理性、混沌与结构、表现与抑制等等——的任何的一边。"② 这意味着我们先与自然建立了一种关系，然后才能依据自身的态度而将这种关系看作是科学认知的或是审美的；而不是像质疑者那样先入为主地视人与自然的关系为一种非审美的、生态学意义上的认识关系。

---

① 参见倪良康编译：《胡塞尔选集》下卷，三联书店1996年版，第688页。

② 张祥龙：《从现象学到孔夫子》，商务印书馆2001年版，第373页。

现象学的"回到事物本身"的口号以怀疑一切的态度对我们所有关于这个世界的相关信念与信仰终止了判断,使我们暂时悬隔掉了我们对自然世界、美学、生态学的认识与理解,重新回到了我们对自然的感知之中并以这种意向性的感知体验为基础重新构建出我们对自然的阐释意义、发现人在自然环境中的审美化存在。正如曾繁仁教授所言:"我们只有凭借这种'生态现象学方法'才能超越物欲进入与自然万物平等对话、共生共存的审美境界。"①只有从现象学的方法出发,通过现象学的还原我们才能在摒弃了我们固有的对"自然""生态""美学"的先入为主的理解后,重新发现我们与自然的原初关系,才有可能在此之上构建出一种对生态审美经验的理论描述。

生态审美经验中的一个难点就是我们如何能从对抽象存在的"生态系统"中感受到一种美感的问题。对生态美学的质疑往往就集中在这里——对生态系统的理解属于科学认识,而审美则是情感活动,"情感关系在生态学所涉及的关系中则无关宏旨,因为作为一门自然科学,只有以归纳或演绎方法消除掉个体的差异性才能得到它要求的本质,但依据这些方法,情感的差异性是最难消除的,而模式差异性的共同性是抽象的"②。面对这样的诘难,我们在这里认为借助于现象学的方法,通过"本质直观"的方法,我们同样可以不用归纳演绎的方式而直接地"看"到生态系统的存在。要而言之,本质直观就是主体审视自己的意识领域,在意识领域内将意向性感知到的那些感性的、具象的、偶然的和虚假的成分排除在外后,在意识领域中所显现的纯粹现象,也就是在主体意识的意向性行为中将"事物本身"描述出来的过程。以对红色的本质直观为例,胡塞尔认为:"关于红,我有一个或几个个别直观,我抓住纯粹的内在,我关注现象学的还原。我除去红此外还含有的、作为能够超越地被统摄的东西,如我桌子上的一张吸墨纸的红等等;并且我纯粹直观地完成一般的红和特殊的(in specie)红的思想的意义,即从这个红或那个红中直观出的同一的一般之物;现在个别性本身不再被意指,被意指的不再是这个红或那个红,而是一般的红。"③通过直观,不仅可以在认识论上达到对抽象概念的把握,其对艺术品的鉴赏中发现美

---

① 曾繁仁:《生态现象学方法与生态存在论审美观》,《上海师范大学学报》(哲学社会科学版)2011年第1期。

② 董志刚:《虚假的美学——质疑生态美学》,《文艺理论与批评》2008年第4期。

③ [德]胡塞尔:《现象学观念》,倪梁康译,商务印书馆2016年版,第60~61页。

感经验的过程也同样适用。对此,胡塞尔在答艺术家友人的信件中直言道:现象学的方法"要求我们对所有的客观性持一种与'自然'态度根本不同的态度,这种态度与我们在欣赏您的纯粹美学的艺术时对被描述的客体与周围世界所持的态度是相近的。对一个纯粹美学的艺术作品的直观是在严格排除任何智慧的存在性表态和任何情感、意愿的表态的情况下进行的,后一种表态是以前一种表态为前提的。或者说,艺术作品将我们置身于一种纯粹美学的、排除了任何表态的直观之中。"①同对红色吸墨纸、艺术作品的直观相类似,通过这种的本质直观的方法,我们同样能在对具体的、单个的自然事物的感知之中发现作为统摄自然万物的抽象的、概念化的生态系统的存在,与通过数学建模推理或是野外调查数据归纳继而发现生态系统的存在不同,这种直观是在感知的瞬间通过主体意识的作用一下子对生态整体的一种把握,是一种感性直观而非范畴直观。

正是有了这种对生态系统的瞬间的、非认识论的直观把握,才使我们对自然生态系统的体验发生情感性的审美产生了可能。只不过在胡塞尔的态度中,本质直观到最后的剩余乃是纯粹意识在先验自我中的展开;而在审美的态度中,我们并不是为了获得这种严格科学意义上的认识,而是要在对这个现象的直观视域中发现其所呈现出的意义及其与世界的关联。现象学本质直观对于研究"生态美"的意义就在于其不仅仅是走向严格科学意义明见的一种方法,更是一种"赋予意义""解读意义"的精神活动。只有通过这种手段,我们才能赋予生态系统以审美意义的意涵。而这就是现象学运动从胡塞尔的认识论到海德格尔的存在论的转向——不同意晚期胡塞尔对"先验自我"的构建,海德格尔认为从主观意识中寻求解决自然科学认识基础的做法只能是传统认识中心论的教条主义,"现象学是存在者的存在的科学,即存在论"。"只有存在与存在结构才能够成为现象学意义上的现象;而现象学的研究方法也不是所谓本质直观,而是从理解和领会出发的诠释学,因为'直观'和'思维'是领会的两种远离源头的衍生物。连现象学的'本质直观'也根植于生存论的领会。"②从存在论出发,我们对生态系统的发现与认识就不是本源性的了,在其源头之上的乃是

---

① 倪良康编译:《胡塞尔选集》下卷,第1203页。
② 朱立元主编:《西方美学思想史》下卷,上海人民出版社2009年版,第1347页。

对人在自然中生存这一事实存在的领悟,在这一事实之上我们有可能建立对生态系统的整体性审美直观。正如现象学家盖格所讲的通过直观领悟审美的本质那样:"人们既不能通过演绎,也不能通过归纳来领会这种本质,而只能通过直观来领会这种本质……你观看一部艺术作品,并且在其中观察到悲剧的本质;你拾起一幅素描,并且在那里了解到素描的本质。与需要研究相反,这里只需要直观;与需要信息相反,这里只需要直观;与需要证据相反,这里只需要直观。"①我们在与自然打交道的生存体验中才会把自然视作一种具有内在价值的存在(而非认识上的客体),在与自然生态系统的这种平等对话中,我们才能发现自然的独立存在和不可穷尽的一面,才能在这种敬畏的体验之中发现生态之美。正如德国学者梅勒所言:"只有当自然拥有一种不可穷竭其规定性的内在方面,一种谜一般的自我调节性的时候,只有当自然的他者性和陌生化拥有一种深不可测性的时候,那种对非人自然的尊重和敬畏的感情才会树立起来,自然才可能出于它自身的缘故而成为我们所关心照料的对象。"②因此,以现象学从感知到直观的过程为方法论,以存在论的"在世之在"为哲学阐释根基,我们才能摆脱认识论的思维框架而真正发现、理解并诠释"生态美"。

3. 生态审美经验的生发过程

现象学带给我们研究生态美学中审美经验的启示就是,只有从具体的现象出发,从具体人对自然的感知体验出发,将审美体验与理论描述这二者有机地统一起来,我们才能彻底解决生态美学中的科学性与审美性的矛盾,从而为生态美学的长足发展打下坚实的"形而下"的经验基础。这当然绝不是一朝一夕就可以完成的,而应像艺术哲学的建立发展一样,需要数代学者的共同努力才可以实现。本书的目的就是试图提倡一种以"自下而上"的方式去研究生态美学中的审美经验,为解决生态审美的发生做出一些微薄的研究贡献。而从现象学的视野出发,我们认为生态审美经验的生发是这样的一个过程:

首先,生态审美经验是在身体感知的基础上建立起来的。现代美学早已摆脱了用形而上学的思辨来诠释人的审美体验的阶段,"纯粹形式"只会让人们对

---

① [德]莫里茨·盖格:《艺术的意味》,艾彦译,华夏出版社1999年版,第11页。
② [德]U.梅勒:《生态现象学》,柯小刚译,《世界哲学》2004年第4期。

审美经验阐发陷入死循环,身体或者身体感知才是人们建立审美经验的逻辑起点。人们关注的焦点从美的本质转移到美的经验之上,这意味着审美真正从"理念""上帝之光"回到了人本身,回到了肉身化的人本身。如梅洛庞蒂所说,身体才是人们与世界打交道的方式,人的生活世界同样以此展开。人的身体不仅承载着海德格尔的"此在",而且还维系着作为肉身基本结构的世界本身与自我。身体自身具有内在的可理解性,可以将人从"物理秩序"上升到"生命秩序"乃至"人类秩序"。因此,从逻辑上而言,生态审美经验的发生应肇始于身体。身体感知的诸多感觉统一于人自身并表现为一种联觉,这使得人无法从中抽离出任何单一的感觉。生态审美经验正是一种通过身体联觉而生发出的不同于静观式审美的美感体验。不仅如此,身体与主体也是统一的,身体的特殊性是其所具有的互动性,其既是主动的又是被动的,既是触摸者也是被触摸者,既是主体也是客体。这里身体是一个生命有机体,是动物性与精神性的合一。"身体—主体"结构还与整个生态世界紧密联系在一起,生态审美的审美性与自然性也随之融合在这种肉身之中。身体感知还具有意向性的特征,人的感觉不是简单的刺激反应而是有意识、有目的的感知与把握。身体的感知不仅是动物性的感官体验,而且还是夹杂着对自然的认知与理解的文化建构。生态审美经验发生在身体与环境的互动下所形成的现象场中,包含着审美主体、审美客体以及联系主客体的审美关系三个要素。在其中,审美主体是活生生的人,以身体为基础展开,通过运动开拓的意向空间与世界彼此开放所形成的一套"身体图式"。它决定了人们对客体的感知都具有具体的环境背景。通过某种背景显现出来的审美客体不是一般的抽象存在或独立的实体,而是具体环境中的某一可被感知的因素。客体对象不是一个封闭的、完全确定的被经验的对象,而是作为处于某种联系之中,在环境背景中构成的存在。身体感知作为一个动态结构构造出一个属于当下环境的现象场,这种身体—环境互动所形成的现象场由感知的意向关系联结,帮助人们进入到身心愉悦的自然环境的快适体验之中。

其次,身体感知只是生态审美体验的起点,只有审美直观才能将这种快适进一步转变为美感。生态美学有别于自然美学的地方就在于它将人与自然放在一个有机普遍联系的系统之中。如果将自然美学比作一种静观的美学,那么生态美学则是一种参与的美学。人对自然的互动作用不仅表现在肉身的快感,而且还在于人们意识对身体获得的感知材料的把握与超越,我们将这个过程称之为生态审美直观。生态审美总需要从个别具体的感知物出发上升到对宏观整体性的"观照",就像胡塞尔所描述的对"红"的本质的把握来自于对红色的具体事物的观照。现象学为人们确立了一种新的看世界的方法,其可以被引用到生态世界的把握中。事物的本质不是掩藏在所谓的"物自体"背后,而是被给予、被呈现的现象本身,人们不需要什么先验综合判断去把握事物的本质而只需通过对意识领域中那些感性的、偶然的、混杂了虚假成分的非纯粹现象的排除,从而将在意识中呈现出的事物本身的纯粹现象描述出来。本质直观是在感知的基础上进行的想象,感知只是关于客体的某一维度的知觉,但客体的其他未见的侧面仍是以空的形式"被共同意念的",想象则要填充这些空的意念。想象产生出关于对象的各种经验由此构成了不同的视域,生态审美直观就是对自然事物观照所形成的内视域和外视域的融合。生态审美的过程是从身体感知到生态想象的过程。人们通过对审美对象的形状、色彩、气味、触感等的感知,产生出基础的感性材料,再利用想象对这些材料进行加工改造,由此形成了一个超越感知内在性的宏观审美意向。主体利用身体从不同维度对同一事物进行感知,而产生不同的感知体验,被感知的事物不仅被包含着一个体验的"原印象"之中,还同时存在于一个时间向前后延展的视域中。视域交叠更替的展现过程让人们在一瞬间直观到审美对象的联系与本质。生态现象将身体感知所产生的关于不同自然物体的视域有机地联系在作为一个整体的生态系统之下,完成了生态审美体验内在性与超越性的融合,达到了多样性与同一性、在场域缺席、部分与整体的统一。直观在生态审美经验中的重要作用就是使审美主体不局限于对眼下自然美景的欣赏,而能超越这些景色,从而领悟到统摄它们的生态整体的存在。通过生态审美直观,我们可以从对具体自然环境的感知过渡至对整个地球生态圈的宏观把握,通过将当下被感知物与其他经验联系起来,通过回忆、期待、类比和联想的作用,我们可以在异质性的不同的自然环境审美中寻找出超越于它们之上的相同性,而后我们便会在这个普全视域之下领略到生态圈中和谐统一、万物竞自由的美感。

最后,感知与想象只是生态审美的过程与手段,真正要领悟生态审美的意义,人们还需要将这种审美经验放置于对生态世界的生命体验的背景中去。人们通过身体感知得到了客体的感性材料,而后利用想象填充了客体的各个维度,生态美学却不止于此而是要寻找事物以及整个世界的意义。生态审美经验的起点是作为"身体—主体"的人的身体对具象的自然环境所进行的意向性感知,在这一围绕着人和环境的知觉现象场中,人对某一自然物有了初步的感知印象并获得初级的身心愉悦的快适感。这种体验或许构成了环境美学的美感体验基础,但还没有上升成为一种生态美感。从对一自然物的身体感知出发,通过视域融合,人可以将当下对此时此刻、此地此景的经验同彼时彼刻、彼地彼景的经验以想象的方式结合在一起;通过回忆、期待、联想、类比的作用,人可以从这些对不同的自然环境的不同的经验中把握住在它们的差异化之中的同一性存在,在这一瞬间人们也在一种审美直观中领悟到了作为一个统摄所有环境体验的生态世界的显现,这便是审美直观在生态审美经验中将对具体自然环境的感知过渡至对生态整体把握的作用。从感知直观的方法论可以看出生态审美不是认识论上对美的本质的追寻,而是要走向生态性与审美性相统一的生命体验。人们以感性的生命体验和活生生的生态审美经验为起点,在人与自然和合共生的生态视野中探讨与追问美的存在及其存在的意义。当我们从生命体验的视角去看待具象的自然万物时,我们就不仅仅将眼前这个自然物看作是静态的自然美景,而是在用发展与联系的眼光将所有在我们经验中多姿多彩的自然物纳入到生态世界整体背景中。将所有自然物(包括人本身)看作是一种生命存在,不仅能发现生物多样性带给我们的异质性的惊诧感,而且还能在这种差异性中领悟到其作为同质性的生命的和谐统一的一面。在生命体验中展现出的这种关于大自然和谐统一的美感也扭转了人与自然之关系的转变。在对自然本身和谐统一的这种生态审美体验中,作为整体的自然在成为一个使人惊诧、敬重的审美客体的同时,也变成了一个激发作为道德主体之人的伦理对象。这种自然主体并不是一个真正有主体能力的实体,而是出于生命体验般对自然本身崇敬的情感性质的审美实体,这才是生态美学的实践意义。

以上的简单论述只是在逻辑的先后顺序上表明,在生态审美经验中,身体感知、审美直观与生命体验发生的一个大致过程。然而值得注意的是,任何一种理论对我们的直接经验的描述都是一种简化主义的尝试,都是在用一种可以用语言表达的一种被抽象了的论述方式(相对于丰富多彩的亲身经验而言)。本书对生态审美经验的描述自然也无法逃离这个窠臼,我们只能大致从生态审美经验的发生过程中挑取三个比较重要的环节加以分析和描述。实际的生态审美经验是一个多层次、多方面、多维度的复杂的完整经验,并不是轻易能够用一般的语言所概括的。正如施皮尔伯格在《现象学运动》中所言,现象学的方法是一种"转向事物本身(Zu den Sachen)"的方法,它是对简化主义的一种反抗。[①] 在实际的生态审美经验中,这三个环节在构成一段完整的审美体验时往往不是简单的排列与叠加,它们是一个互相交叉、相互联系并与经验中的其他因素(如生态学知识)互相综合作用的一种构成。从简化了的逻辑上讲,无疑身体感知是作为生态审美经验的起点,而后这种感、知觉通过审美主体的想象这个中间环节的"加工",最后通过审美主体的直观能力瞬间上升到最高的生态世界,从而在这种生态整体性的生命体验中发现大自然和谐统一以及万物共生的审美意义。下面我们以陶渊明的一首诗作为生态审美经验发生过程的案例来加以分析:

我国传统智慧中蕴含着丰富的生态美学思想。由于西方文化倡导主客二分、灵肉分离、身心二元的思维方式,所以西方一直以来强调的是人与自然的对立。而中国传统文化却奉行一种"天人合一"或"道法自然"的最高准则。在这样的准则下,中国人所谓的自然就不同于西方的独立于人类社会之外的自然或是独立于人的自然。中国人所说的自然是与人的世界息息相关的,人与自然或者说社会与自然不是割裂、对立的,而是统一于"天"或"道"这个最高范畴之下的。"天地之大德曰生。"(《周易·系辞下》)"生生之谓易。"(《周易·系辞上》)"道生一,一生二,二生三,三生万物。"(《老子》第四十一章)天地万物的这种存在方式注定了中国人在欣赏自然美景时,势必采取的是一种参与、互动的方式,而且自然与人是融为一体的,其中透露出强烈的生命意识。如程颢所言:"万物之生意最可观。"(《河南程氏遗书》卷十一)明代画家祝允明所言:"天地间,物物有一种生意,造化之妙,勃如到荡也,不可形容也。"(《枝山题花果》)中国人眼中的自然是一个有生命的世界,而这种"生气"是无法运用理性分析所得到的,必须让人去亲身感受才行。

在《归去来兮辞》中,陶渊明就说:"归去来兮,田园将芜胡不归? 既自以心为形役,奚惆怅而独悲? 悟已往之不谏,知来者之可追。实迷途其未远,觉今是而昨非。舟遥遥以轻飏,风飘飘而吹衣。问征夫以前路,恨晨光之熹微。乃瞻

---

① 参见[美]施皮格伯格:《现象学运动》,王炳文、张金言译,商务印书馆2011年版,第890～892页。

衡宇,载欣载奔。僮仆欢迎,稚子候门。三径就荒,松菊犹存。携幼入室,有酒盈樽。引壶觞以自酌,眄庭柯以怡颜。倚南窗以寄傲,审容膝之易安。园日涉以成趣,门虽设而常关。策扶老以流憩,时矫首而遐观。云无心以出岫,鸟倦飞而知还。景翳翳以将入,抚孤松而盘桓。"这是陶渊明在辞官之后表达出的对田园生活的一种热爱。从文中作者辞官后的这些活动可以看出,陶渊明此时已远离政治生活,并且认为入世是"迷途",真正让人的本性得以自由解放的乃是出世,是复归自然。陈寅恪把陶渊明的思想叫作"新自然说",其认为:"新自然说不似旧自然说之养此形之生命,或别学神仙,惟求融合精神于运化之中,即与大自然为一体。"[①]因此,陶渊明之意并非是对世俗生活的逃避,转而求其次地去"归隐"。他在归去来兮之始就已经认识到了社会文明对人本身自由的压制,"心为形役",精神完全被物质之身体所控制,只有回到田园才能复得自由,这种自由即于自然之中,达到精神与肉体的同一、天与人合一的自由。

怎样做到真正的自由呢?这是中国哲学思想中"天人合一"的最高境界与追求,其也体现在陶渊明诗中对自然之美的活生生的亲身体验之中。如:"结庐在人境,而无车马喧。问君何能尔?心远地自偏。采菊东篱下,悠然见南山。山气日夕佳,飞鸟相与还。此中有真意,欲辨已忘言。"(《饮酒》其五)此诗上半部分讲的是如何能远离文明社会的喧嚣,是要达到一种心境——只要有向往自然、追求自然的心境,即使处于人类社会之中,亦能感受到自然之美。这就给全诗定下了人与自然自由共处的基调,而诗的后半部分才是具体的天人合一般的审美感受。这种美感是诗人亲自参与到环境之中,然后对自然生态世界之美的一种领悟。诗人在采菊之时,就已经亲身处于一个现象场中,诗人身下的菊花、远处的南山以及山上的雾气、苍穹下的夕阳和飞鸟等等都是这个现象场的有机构成且为诗人的身体所感知。这不是一种静观的欣赏,而是整个身心都参与进去的生态审美经验。采菊是一个动作,更是诗人在此环境中对身体感知所形成的现象场的一种亲在的体验。这个简单的动作包含了感知觉对菊花形状、颜色、芬芳以及种植菊花的土壤、空气、温度等一系列生态因子的知觉。并且手下的菊花与眼前的南山也不是割裂的,它们共同属于诗人在当下环境中围绕身体所形成的视域背景中。如果仅把这些自然要素(如菊花、青山、蓝天白云等)看

---

① 陈寅恪:《金明馆丛稿初编》,三联书店2001年版,第229页。

作是一个个割裂的、静止的自然景物,那么对这首诗的鉴赏就脱离不了文人山水诗的鉴赏模式。而只有将诗中所描绘的景色有机地联系起来,并同诗中没有描绘的其他自然世界的景色联系起来,我们才能体会陈寅恪所言的人与大自然为一体的"新自然说"。

诗人通过采菊这个动作,以身体感知的方式把握住的是这个生态世界的一个侧面,其表现为一种田园风光。但在采菊这个身体动作的视域背景之外,还有远处南山中的雾气与落日。这里是诗人不仅仅是在用身体感知在进行体验,还用审美直观为我们营造了一个鲜活的自然生态世界。这种审美直观的方法为我们提供了一个崭新的视角来看待眼前的这些自然事物。无论是菊花、南山,还是飞鸟,都不是一个个被割裂的被感知物,而是围绕着我的主体意识的视域背景展开的经验现象,但在它们之上还存在着一个作为整体视域的"世界"。通过转换视角,诗人仿佛将飞鸟也看作人一般,想象了一个以它们为主体的现象场的存在。在看到夕阳与飞鸟归家的一瞬间,诗人运用直观的能力超越了此时此刻眼中的自然景物,领悟到了生态世界作为一个整体的存在。从对异质性的各种自然物的感知中找寻出超越于它们之上的相同性,我们便领悟到了在生态世界汇总万物竞自由的和谐统一感。在这种领悟之中,人才真正得以复归自然,并获得了极大的喜悦。这种对生态世界的直观,使诗人悟出了其中的真意。这种真意就是一种对生态世界的生命体验,这种天人合一的体验不是认识上的总结归纳,无法用语言加以言说而只能以审美的意味表达出来。

因此,从生态美学的角度来看,陶渊明在诗中所描绘的就不仅仅是一个躬耕陇亩的田园世界,更是一个将人与自然合二为一的生态世界。对于陶潜而言,无论是世俗的社会生活或是归隐的田园生活都不是一个独立的世界,它们都只是更大的世界或更高的境界下的一个小缩影、小分支。而人只有达到了这个最高世界或境界的领域,才可以超脱于世俗之上而达到真正的自由。但要达到这种自由也并非需要弃智绝学般彻底归隐山林,而是要在审美化的日常生活中领悟这种天人合一的境界。"陶渊明田园诗的自然境界已经充分生活化了,是自然境界的生活化和生活境界的自然化、审美化的和谐统一。"①在中国传统文化中,自然并不是与人类社会相对立的一极,相反,人的社会生活与人的自然

---

① 曹章庆:《论陶渊明田园诗的精神生态》,《浙江社会科学》2008 年第 7 期。

向性是一个相互交互,你中有我、我中有你的构成。"中国人……看人生与社会只是浑然整然的一体。这个浑然整然的一体之根本,大言之是自然,是天,小言之则是各自的小我,'小我'与'大自然'浑然一体,这便是中国人所谓的'天人合一'。"①在这种体验中,诗人不是在一种超然于世俗的态度中达到了对自然的"关照",相反,诗人是在日常劳作中与自然物结缘的,并在赋予自然存在者自在性的同时开启自我生命本身的自由化存在路径的。这点正如海德格尔所言:"只有此在存在,它就总已经让存在者作为上到手头的东西来照面。此在以自我指引的样式先行领会自身;而此在在其中领会自身的'何所在',就是先行让存在者向之照面的'何所向'。作为让存在者以因缘存在方式来照面的'何所向',自我指引着的领会的'何所在',就是世界现象。而此在向之指引自身的'何所向'的结构,也就是构成世界之为世界的东西。"②而这正是人以自身的审美力量将人与当下的环境共同纳入到生态整体所产生的情感性体验,也是生态存在论美学观的审美理想之所在。

---

① 钱穆:《中国文化导论》,商务印书馆 1984 年版,第 17～18 页。
② [德]海德格尔:《存在与时间》,陈嘉映、王庆节译,三联书店 2014 年版,第 101 页。

第三章
身体感知在生态审美经验中的首要地位

　　自 1750 年德国学者鲍姆加登在《美学》一书中首倡用"Aesthetic"一词来代表对人的感性认识后,"美学"作为一研究"情"的感性学就与研究"知"和"意"的哲学和伦理学有了不同的研究对象。在鲍姆加登看来,"美学对象就是感性认识的完善",而"Aesthetic"一词更是起源于希腊语中的"aisthesis"一词,指的就是由人的感官体验到的实际的东西,而非经由人的理性能力所获取的非感性的、抽象化的东西。因此,从美学学科诞生之初,从感官获取的主观经验就是美学研究的重要领域之一。

　　这种看法一直从"美学之父"鲍姆加登延续至美学研究的集大成者——康德那里。康德也视"美"为本质且绝对的感官现象,但是他反对鲍姆加登的用法,其将审美过程中的审美对象的形式与内容区分开来,并认为审美快感只与物自体在主体心理上呈现出的"纯粹形式"相关。其在对审美判断力的"质"的分析中以对花的欣赏为例,给出了自己的审美鉴赏标准:玫瑰花的香气虽是令人快适的,但它只是感性的和单一的判断而不是鉴赏判断;只有玫瑰花的形式(包括颜色与轮廓等)所引起的主观体验才是真正意义上的审美性质的快感。这一论述在被美学界普遍认同为审美的无利害的鉴赏模式的同时,实际上也将审美的感性体验分成了高低两等。"其中的三种(即听觉、触觉、视觉)是客观性多于主观性的,也就是说,它们作为感性直观对于外部对象的认识,比使受刺激的感官被生动地认识到,要有更多的贡献;而后两种(味觉、嗅觉)则是主观性多于客观性的,即是说它们产生的观念与外部对象的认识相比更多是享受的观念。"①在康德的鉴赏标准中,如果主体通过视觉看到了玫瑰花的样态,对花的"形式"产生了直观,其后又通过嗅觉闻到了花的香味,那么这就成了一个完整的审美体验,而嗅觉对香味的感知也就成为了审美判断的一个不可分割的组成部分。相反,如果主体是先通过嗅觉闻到了花香,那么这就是快适的感官判断,其不足以独自构成审美经验。这即是康德著名的"判断先于快感"的论断,其也是古典美学划分感官刺激与审美体验的金科玉律。而从康德给出的鉴赏标准中我们似乎也可以推导出一条结论:画或照片中的玫瑰花比真实存在的玫瑰花更美——因为我们对画或照片的欣赏更多地排除了视觉之外的感官刺激而只通过"看"达到了对审美客体的"形式"的纯粹鉴赏。因此,康德美学的潜台词就是艺术形象比真实事物更具有美感。

对此威廉斯通过对18世纪"美学"一词的意涵流变的考察而指出:"Aesthetic意指艺术、视觉映像与'美'的范畴,而从词汇演变的历史来看,这个重要词汇强调人的主观的知觉是艺术或美的基石,却又同时吊诡地把人的主观知觉排除于艺术和美之外。"②将"Aesthetic"脱离人的感性知觉关联而独指美或艺术的做法在黑格尔那里达到了顶峰。黑格尔的"绝对精神"在由逻辑向自然再向精神演进的阶段过程正是一个由感性蜕变至理性的上升过程:作为与感性有关的艺术"本身还有一种局限",还需要通过宗教的"表象意识"和哲学的"自由思考"的过渡才能最终成为纯粹的理性化的精神活动。从柏拉图区分"美"和"美的陶罐"以将"美的本质"理念化到亚里士多德强调"形式因"在审美快感中的重要作用再到中世纪神学对抽象的"上帝之美"与感性的"尘世之美"的划分,美学的形而上的研究路径终于在德国古典美学中达到了高峰:从康德对审美的四个契机的界定从而区分了审美判断与快感,再到黑格尔把美看为"理念的感性显现",美学的研究对象逐渐由具体的、可感的现实性的审美活动转变为抽象的、思辨化的关于美的艺术哲学。

---

① [德]康德:《实用人类学》,邓晓芒译,重庆出版社1987年版,第33页。
② [英]雷蒙·威廉斯:《关键词》,刘建基译,第3页。

19 世纪末至 20 世纪初西方美学的发展则是对黑格尔美学体系的一种感性化乃至非理性化的反叛。无论是叔本华和尼采的意志美学、柏格森的生命美学、弗洛伊德的性动力美学，还是心理美学的"移情说"理论，它们都表现了费希纳所言的美学研究从"自上而下"到"自下而上"的研究方法的转变。在这种转变中，对具体的审美经验而非美的本质的重视被公认为是现代美学区别于古典美学的基本特点之一，其也是日后实用主义美学、现象学美学、存在主义美学与后现代主义美学等当代美学思想产生的滥觞。正如舒斯特曼所言："审美经验的主导地位源自现代'审美'一词的正式确立。此前古典、中世纪及文艺复兴时期，人们把美看作是世界的客观属性。但现代科学和哲学推翻了这种看法，现代美学也随之转向主体经验，并以此来解释和确证美这种属性。甚至当客观现实主义哲学寻找批评的标准或寻求主体相互间的共识时，一般也是通过并借助主体经验来界定审美。"①20 世纪美学研究不仅仅是一个由美的本质向美的经验转变的过程，更是一种研究态度、思维路径上的转变，其标志着美学由近代认识论向现代存在论的转变。"当代存在论美学观的出发点即是作为此在的存在。回到人的存在，就是回到了原初。回到了人的真正起点，也就回到了美学的真正起点。这完全不同于传统美学的从某种美学定义出发，或是从人与现实的审美关系出发等等。"②从人的存在着手发现人与世界之勾联的审美意义，则必然要求对人的在世经验进行一番本体论意义上的考察。而值得注意的是，"经验"一词源自于德语中的"Erelebniβ"或"Erfahrung"，前者源自于歌德、席勒的浪漫主义文学传统，指的是一种审美化的体验，对象与主观情感共融于其中；而后者则源自于康德的哲学范畴，指的是主体知性对物自体的认知性经验，其与客体对象相隔甚远。对此，有学者认为："动词经验(erfahren)的意思是为便于积累知识而学习、去认知，如此等等。但动词性的体验(erleben)却非如此，其有移动(fahren)的意思，像'坐火车出去'、旅行、去远方等，'体验'里面包含生命的意味，类似乔伊斯所说的神灵显现(epiphang)。"③

拉什在这里对"经验"与"体验"的区分即是传统美学与存在论美学关于审

①　Richard Shusterman. *The End of Aesthetic Experience*. The Journal of Aesthetic and Art Criticism 55. Wiley, 1997, p. 29.

②　曾繁仁：《试论当代存在论美学观》，《文学评论》2003 年第 3 期。

③　Scott Lash. *Experience*, *Theory*. Culture & Society, 2006 Volume：23：336.

美经验在认识(认知)维度与存在维度的区分。传统美学所涉及的审美对象往往(或主要)是艺术作品。无论是文学、绘画、音乐、舞蹈、雕塑、建筑、戏剧还是电影等,我们在欣赏这些艺术作品时产生的往往是一种以视听觉为主要感知基础的审美经验。而视听觉也被康德等美学家视为更高级、更文明的感官,"因为只有它们能被抽象化成能够为从感性向纯理性过渡的桥梁"①,而其他感官经验则是动物化的纯粹感性官能。传统认识论美学区别开了艺术作品的"形式"与"质料",与此对应的审美经验理论也将属于感官捕捉"质料"的过程看作审美的准备阶段(或初级阶段),而将抽象化、象征化、意义化的主体对"形式"的感受与判断看作美感的真正来源。在此前提下,认识论美学理论的审美经验就认为,在审美活动过程中我们与艺术作品是互相对立的主、客两极,我们作为审美主体要与作为审美客体的艺术作品保持适当的"距离"。我们通过眼睛与耳朵等感觉器官来感受作品,然后再将这些声音、图像等通过神经反射传递到我们的大脑之中,我们的大脑经过一系列的加工处理,从客体的质料中抽象出了客体的形式,从而在脑海中获得关于作品的美的感受。例如,李泽厚在《美学四讲》中就提出审美态度"要求主体与欣赏对象保持一定的心理距离,使自己从日常现实生活中脱离出来,保持一种与日常生活和实际功利无关的态度"②。

但实际情况是,即使是对艺术作品的审美体验也不是我们运用视听觉对其有距离地"静观"——面对同一幅绘画作品,我们在画室、博物馆、艺术品拍卖会甚至是家用电脑上的观赏体验明显是不尽相同的。这虽然也和不同环境中视觉认知的差异(如电子屏幕与真实画布的区别)有关,但更多的原因则要归于人在审美时刻所处的环境与自身身心状态的不同。"在一个以艺术品为对象的审美事件中,周围环境的因素,比如温度、湿度、安静的程度、温饱的程度已经满足了审美主体的基本需求,因而,环境中的生态因素就成为了审美即使是最为纯粹的审美的最直接也是最为隐晦的支持因素。"③即使是黑格尔认为是"高级形态"的艺术美在鉴赏中也要受到来自于环境与自身状态的影响,而更毋宁说"低于"艺术美的自然美了。我们以下面高健翻译的英国作家理查·杰弗理《夏日芳草》对自然的审美感受为例:

---

① 叶秀山:《美的哲学》,东方出版社 1991 年版,第 90 页。
② 李泽厚:《华夏美学·美学四讲》,第 322 页。
③ 刘彦顺编:《生态美学读本》,第 5 页。

　　我踏着芳馥的浅草向上走去,而随着每一步的攀登,我心境的感受范围似乎也更加宽阔。随着每一口清纯气息的吸入,一个更加深沉的渴望正在不觉萌生。甚至连这里的太阳的光线也更加炽烈和妍丽。待到我登上山顶,我早已把我的卑微处境与生活烦恼忘得干净。我感到我自己已经一切正常。山顶上有堑壕一道,行至其地,我沿沟缓缓而行,稍事歇息。沟的西南边上,一处坡面塌陷,形成裂口。这里下临一带沃野广阔,其中盛植小麦,景色颇佳,周围青山环抱宛如一座古罗马圆形剧场。山中有通路隘口,折向山南,天际远处则为白云锁闭,不可复见。各处村屯农舍多为林木荫庇,故此地堪称绝幽。

　　这里的确幽静异常,唯有阳光与大地为伍。我躺在草上,开始从灵魂深处与大地、阳光、空气以及那渺不可见的远海慢慢絮语。我想到大地的坚实,我甚至觉得它将我载负而起,并从身下如茵的绿褥那里传来一种异样的感觉,仿佛大地正在和我交谈。我想到那流荡的空气——以及它的纯净,这正是它的美的所在。它抚摸着我,并把它自身的一部分也给了我。我又与大海谈话——虽然它离我很远,在我想象之中,我仍然看到了它远岸近处的苍翠与远洋深处的蔚蓝——我渴望获得它的力量,从它的坚韧不拔与不知疲倦的驱驰中,找到那和灵魂相仿佛的东西。我抬起头来仰对着顶上的蓝天,凝视着它的深邃,吸吮着它的绝妙的色泽和芳馥。天上的那些采撷不到的花朵里的浓郁蔚蓝把我的灵魂也吸引了去,使它在那里得到安息,因为纯净的色调能给灵魂带来静谧。凭着这一切我祈祷了,我的灵魂体验到了一种完全不可言说的感情……

　　尽管使我心神激越的许多感情那么浓烈,尽管我与大地、阳光、天空、星斗与海洋的一番歙合那么亲切——这种感情动人心魄的深切是任你怎么来写也写不出的。我正是凭着这些来祈祷的,仿佛它们竟是一些乐器,一些键盘,通过它们而我把我灵魂中的乐调嘹亮奏出,它们增大了我歌声的音量。那光华耀目的伟大太阳,苗壮而亲切的大地,和暖的晴空与澄鲜的空气,以及对大海的思慕——这一切无可言喻的美简直给我带来一种至乐与狂喜的感觉……①

---

① 陈湘主编:《自然美景随笔》,湖北人民出版社 1994 年版,第 44～45 页。

在作者杰弗里对草甸的情感性体验中,我们不禁会问:他的体验是一种身体快感还是审美愉悦? 如果承认这是一种对于自然景物的美感的话,那么这种对自然的和谐统一的赞美之情是否和依赖视听觉的艺术欣赏体验有所区别呢?

传统美学面对上述问题只能采取黑格尔式的"艺术美高于自然美"的美的艺术哲学策略,并"把自然美排除于美学范围之外"①。而生态美学正是在以存在论为前提的条件下批判认识论美学时提出的。因此,根据生态存在论美学观的观点,人与自然并不是(也不可能)保持适当的"距离"的,人是在自然中实存的,"自然是人的实际生存的不可或缺的组成部分,自然包含在'此在'之中,而不是在'此在'之外"②,人与自然是须臾不可分离的。因此,传统的认识论式的审美经验理论显然不适于套用在生态美学身上。"此在"的"在世之在",人与世界的"打交道"的最主要方式就是人使用"上手的东西",即人的感性实践活动。而在这个过程中人的身体无疑发挥着巨大的作用,我们对自然环境的接触就是以人的身体为基础而展开的。据此,我们提出以"身体感知"作为生态审美经验的发生的逻辑起点。"身体感知"概念以梅洛-庞蒂的知觉现象学为理论依托,强调"身体"与主体的同一性、审美主体与审美客体的意向性的关联性。在生态审美体验中,主体、客体不是须臾二分的,身体与心灵也不是互相割裂的。"我"既是主体意义上的"我思故我在"的"我",也是身体上的实实在在的"我","我"作为一个"身体—主体"意义上的"我"是通过运用自己身体的各感官诸觉,全身心地参与到生态审美体验中去的。身体感受周边生态因子形成了一个将审美主体与审美客体统一起来的"场域"。我们正是在这个"场域"中完成了对周边自然环境的审美感知活动。身体感知的意向性特征确保了生态审美经验中审美主体与审美客体的统一性,感官互联保证了生态审美经验中我们的五种感官的统一性,而"身体—主体"的同一性也恢复了自笛卡尔哲学以降的身心二元割裂的局面。这种以存在论为基础,从现象学出发的"身体感知"感念,是我们所认为的生态审美经验发生的逻辑起点。

---

① [德]黑格尔:《美学》第 1 卷,朱光潜译,商务印书馆 1997 年版,第 5 页。
② 曾繁仁:《生态美学导论》,第 283 页。

第一节　美学的"身体转向"与生态美学中的身体问题

1. 现代美学的身体转向

从大的学科背景来看,生态美学是在美学研究中身体意识由隐转显的思潮下诞生的。正如曾繁仁教授所言:"生态美学的产生则带来了身体地位的显著提升。这种提升的直接体现,就是身体从部分的参与转向了整体性和全方位的参与。与传统美学强调视听感官的优先地位不同,生态美学主张各种感觉器官全方位参与了审美活动。"①生态美学针对自然环境而采取的与传统欣赏模式迥然不同的审美方式,正是身体美学理论在生态领域的延伸与扩展。

"身体"一直是被西方思想史所忽略的一个概念,而与其相对的"精神"则往往因和"光""理性""灵魂"等词汇相关联而受到了较为广泛的关注与讨论。自有人类社会起,灵魂就理所当然地被当作了在人的生命活动中起决定作用的因素——人死亡之后,肉体腐烂而灵魂不灭。对此弗雷泽考证,在远古时期"小人假设"就主导着当时原始人类的身心观念。"一个动物活着并且行动,是因为他(它)身体里面有一个小小的动物使得他(它)行动,如果人活着并且行动,也是因为人体里面有一个小人或小动物使得他活动。"②这种观念在创造了人类早期的万物有灵论的原始信仰的同时,也为视精神为永恒、肉体为腐朽的二元论开辟了先河。

而在进入文明社会后,西方人依旧延续了灵魂高于肉体的信念:灵魂就是知行合一的自我(ego),是经验的组织者。③ 对此,柏拉图更是在《克拉底鲁篇》中直言道:"灵魂在肉体的时候是生命之源,提供了呼吸和再生的力量,如果这种力量失败了,那么肉体就会衰亡,如果我没弄错的话,他们把这种力量称作灵

---

① 曾繁仁:《生态美学基本问题研究》,第146页。
② [英]弗雷泽:《金枝》上册,汪培基译,商务印书馆2013年版,第801页。
③ Simon Blackburn. *Oxford Dictionary of Philosophy*. Oxford & New York:Oxford University Press, 1994. p.114.

魂。"①如同理念与现实事物的二分一样,柏拉图也把人的灵魂与肉体区分开来。"肉体"(6wμα)在希腊语中即为"灵魂的容纳者"之意,如同理念世界高于并统摄现实世界一样,人的灵魂(也是一种理念)就成为了超越肉体的瞬身性而成为了人的恒定的、不灭的本质存在。亚里士多德较之于柏拉图的进步之处在于,他承认了身体官能对于精神活动所起的物质基础作用,人乃是一种"身心综合体"(the union of body and soul)的构成。"就灵魂而言,它的所有感受都结合于身体,如愤怒、平和、恐惧、怜悯、希望乃至快乐、爱、恨。因为在这些事例中,身体都以某种方式受影响。"②身体虽是灵魂以及人类认知活动的载体,但不代表领会需要受制于身体,灵魂仍是生命活动的主要承担者,就连"躯体之运动实有赖灵魂位置做主"③。亚里士多德来虽然从实际的生物学、解剖学角度承认了灵魂与肉体作为人的存在的潜能——现实之关联,但从形而上学角度,他又必须树立灵魂作为"纯形式"实体的优先地位,从而确立神的第一推动的终极存在。中世纪神学继承了亚里士多德确认论述第一推动的思路,并结合基督教教义,彻底将身体贬为最低等的存在。对此,托马斯·阿奎那总结道:"首先,在《圣经》中,纯粹的精神性生物叫作天使;其次,完全肉身性的生物是动物;第三,肉身和精神性的组合物,这就是人。"④从物到人再到神就是一个形式不断摆脱质料而上升的过程,最后直至上升到上帝那里。上帝作为一个纯形式的实体代替了亚里士多德哲学里的第一推动,成为支配整个世界运转的唯一精神性力量。文艺复兴将焦点从上帝拉回到人身上,在此基础上建立的欧陆哲学重新确立了人的主体性地位,但笛卡尔的"我思故我在"的"我"仍是一个精神上的主体。"尽管我或许拥有一个身体并与它紧密地结合在一起,但我同时也有一个清晰而且分明的观念,即我仅仅是一个思维而无广延的东西,肉体则只是有广延而无法思维,所以,可以肯定的是:这个我(也就是说灵魂,也就是我之所以为我的东西),全然而绝对地与身体有别,可以没有的肉体的存在。"⑤笛卡尔的"我"不仅将主、客体分离,而且还将主体的精神与肉体割裂。在面对精神如何寄存于

---

① 《柏拉图全集》第 2 卷,王晓朝译,人民出版社 2003 年版,第 80 页。
② Aristotle. *De Anima*. London: Penguin Books Ltd, 1986. p. 128.
③ 亚里士多德:《灵魂与其他》,吴鹏寿译,商务印书馆 1999 年版,第 68 页。
④ 转引自王晓华:《身体美学导论》,中国社会科学出版社 2016 年版,第 8 页。
⑤ Juliea Offray De La Meterie. *Man A Machine*. Memphis: General Books, 2011. p. 37.

肉体从而得以实现自身的"我"思时（显然不存在独立的纯精神化的"我思"的"我"）的诘难时，笛卡尔只好将精神与肉体的连接归为人体的松果腺中的"心灵"。作为无形的精神实体怎么可能占据一个空间并通过"生精"的物质形态控制身体呢？

为了证明灵魂的存在，必须期冀通过科学的方法找到松果腺中灵魂的"实体"，但随着解剖学的进步，这一设想被证明为子虚乌有，于是18世纪的法国哲学家们干脆用"奥卡姆的剃刀"彻底地抛弃了"灵魂"这一复杂繁琐的设想。从哈维的《心血运动论》的发表，到后继的活蛙实验，揭示了一个关键性的事实：身体自身是一个独立运作的有机系统而无须神秘的精神力量推动。"从神经系统的角度看，身体不需要'灵魂'也能感应。由于所有神经节似乎都以相同的方式运作，因此，灵魂应该是刀舞盘旋而非停留一处，经验观察无法将灵魂安放在身体里。"①以此顺推，伏尔泰得出结论："你看看你所知道的和你认为的靠得住的事：你用脚走路，用胃消化，用全身感觉，用脑思想。"②法国唯物主义者将作为主体的人的全部意义归结为人的肉体性存在，在拉美特利那里更是总结道："人是机器，他感觉、思想、辨别善恶……总而言之，他生而具有智慧和确定的道德本能，但同时又是一个动物，这种品格并不矛盾。"③这一说法虽有匠人固化为机械唯物主义的倾向，但是它却从科学的角度首次将人（主体）的精神与肉体合二为一。对此生态学的创始人海克尔也十分赞同："我们通常所说的灵魂，实际上是一种自然现象"。"所有灵魂生活的现象，毫无例外地都和躯体的生命实体中的、也就是原生质中的物质过程分不开。"④18世纪这种唯物主义的"无神论"将上帝和灵魂挤出了人的世界，重新从自然与人的角度思考人的本质问题。人的"自然化"虽有匠人的本质庸俗唯物化的倾向，但其打破了自柏拉图以来将目的和手段相区分的思维模式——以事物、自然、肉体为手段，以理念、人、灵魂为目的的二元论得以在人与自然的科学化、唯物化的统一中完成了手段与目的的同一。

生态美学得以成立的前提是人对自然的审美向性。人渴望回归自然，人对

①　Descartes. *Key Philosophical Writings*. Hertfordshire：Wordsworth Editions Ltd，1997. p. 181.
②　[美]理查德·桑内特：《肉体与石头》，黄煜文译，上海译文出版社2011年版，第339页。
③　[法]伏尔泰：《哲学词典》上册，王燕生译，商务印书馆1997年版，第73页。
④　[德]恩斯特·海克尔：《宇宙之谜》，解雅乔译，内蒙古人民出版社2010年版，第87～95页。

良性生态系统的亲和是生态美学的旨归。对人与主体的理解与阐释就决定了生态美学理论发展的走向——"传统的人是理性的动物""人是政治的动物""人是符号的动物"等诸多观点之争在丰富人的社会属性的同时,也将人与自然间的天然联系隔绝开来。18世纪法国唯物哲学,虽看到了人的自然属性,却将人的社会性、创造性的一面消融在"人是机器"的机械唯物主义之中了。只有在马克思主义哲学那里,人作为劳动者并以实践的方式"改变世界"的过程才成为人之为人的真正依靠。对此,恩格斯言道:劳动"是整个人类生活的第一个基本条件,而且达到这样的程度,以致我们在某种意义上不得不说:劳动创造了人本身"①。马克思的实践理论对人及主体性的塑造包括以下三层含义:首先,通过具体的劳动实践,我们才能真正改变世界,对世界以及人的本质的认识不是一个静态的认知过程,而是一个现实性的活生生的动态过程。"哲学家们只是用不同的方式解释世界,而问题在于改变世界"②。改造世界起源于实践中的工具制造。"工具意味着人所持有的活动,意味着人对自然界进行改造的反作用,意味着生产"③。这意味着人通过使用自己制造的工具进行劳动时,一方面改造了自然本身,使自然资源为人的日常生活生产所用;另一方面通过制造工具,通过劳动原始人类也改变了自身,锻炼了自己灵巧的手、创造语言和抽象思维能力并最终出现了"完全形成的人"。最后,"自然的人化"对人与自然以及人的精神与肉体的双重"人化"也意味着实践的主体承担者及是现实的感性的人而非抽象的"人"。在这里,马克思已经看到了实践中人的身体与精神的统一性:"说人是肉体的(corporal),有生命的(living),现实的(real),感性的(sensuous),充满自然活力的对象性存在,等于说,他拥有现实的感性的客体作为自己存在或生命的对象,或者说,人只有在现实的感性的客体中才能表现自己的生命。"在马克思看来,人的本质须接受双重规定:一方面通过感性的客观实践,人首先是一个由物质组织构成的对象化结构,正是通过劳动、通过对眼、手、脑器官等的运用,人才得以成为自身的尺度;另一方面,通过实践的对象化劳动,人的精神、认知等能力也在对世界的改造过程中形成了对世界(乃至自身)的正确认识,这也使得人超越了自身的物种尺度,"懂得按照任何物种尺度进行生产"。因此,

---

① [德]恩格斯:《自然辩证法》,人民出版社1971年版,第149页。
② 《马克思恩格斯选集》第1卷,人民出版社1995年版,第61页。
③ 《马克思恩格斯全集》第20卷,人民出版社1972年版,第373页。

在实践活动中,人的精神、身体以及世界实则已被包含在人的感性的对象化劳动这一结构中了。

从感性具象的人出发,"实践活动不可能完全作为纯粹精神的主体承担,作为主体的人必须具有感性实在的身体——没有手、脚、感知觉,人就不可能重组自然物质的形态,也就无所谓实践。实践就是身体——主体建构世界的过程"①。马克思实践理论中,对人与世界、精神与身体、主体与客体、实践与认识相统一的论述,正是对西方思想史中精神高于肉体观点的一种反驳。人的本质是自身的有机组织以及自身与世界的对象化结构,通过感性化劳动实践,人将自身的尺度适用于客体之上,而客体的结构也就进入了人的活动中,成了主体结构的一部分,使人得以用万物的尺度衡量人与自然的关系。故通过这种连接,实践者的精神、身体与世界已在存在论的层次上连成一体了。"于是鲍姆伽登提出感性学一个世纪以后,马克思展示了美学回归身体——主体的路径。遗憾的是,聚焦与宏观社会实践的他未展开自己思想的身体维度。"②马克思对实践存在论以及实践的身体维度的讨论在 20 世纪得到了很好的继承,以反本质主义、反形而上学为特点的现代哲学从人的肉身中重新找到了人的根基,而这一思潮的滥觞则是归于尼采非理性哲学对身体的审视。"尼采回归身体,试图从身体的角度重新审视一切,将历史、艺术和理性都当作身体需要和驱动的动态产物"③。作为非理性主义的代表,尼采在为身体正名时首先就批判了基督教将灵魂与肉体分割的教义:"他们的愚妄就是相信人民真会念念不忘有个'美丽的灵魂'在动物内的怪胎中游荡……为了使他人也明白此事,他们需要另外设定'美丽的灵魂'概念,需要重估自然的价值,直至认为一个脸色苍白、重病缠身、形同白痴的狂热者就是完美性,就是'英国式的',就是神性化,就是更高等的人生。"④而尼采则从他的超人哲学的强力意志理论中推断出身体化的人才是他的本质:"觉醒和自知者却讲:我整个地是身体,绝非更多;灵魂是肉体的一部分名称。身体是大理智,具有单一意义的复合体,战争与和平,羊群与牧者。我的兄弟,你称为精神的东西是身体的工具,它不过是小理智——大理智的小工

---

① 王晓华:《身体美学导论》,第 32 页。
② 王晓华:《身体美学导论》,第 33 页。
③ Terry Eagleton. *The ideology of Aesthetics*. Oxford:Blackwell Publishing,1990. p. 234.
④ [德]尼采:《权力意志》,张念乐、凌素心译,第 526 页。

具和玩物。"①

身体即主体,从身体出发,从非理性的意志(尊敬和轻蔑、快乐和痛苦)出发,重估人间一切价值才是治疗西方文明灵与肉分割下人类走向自我放逐与物化的唯一途径。尼采虽未见到 20 世纪西方哲学的研究转向,但"他对身体的激进肯定预演了身体复兴的前景"②。在经历了杜威、梅洛-庞蒂、福柯、德勒兹、伊格尔顿、舒斯特曼等学者的努力后,西方美学迎来了认识论向身体的转向。对此,舒斯特曼认为:"身体美学可以暂时定义为:对一个人的身体——作为感觉——审美场所和创造性的自我塑形——经验和作用的批判性和改善性的研究。"③身体美学要改善的是对被灵魂、精神等抽象性存在压制已久的肉身、感官等感性物质存在的重新审视。"重新将我的探索的诸环节、事物的诸方面联系起来,以及将两个系列彼此联系起来的意向性,既不是精神主体的连接活动,也不是对象的各种纯粹联系,而是我作为一个肉身主体实现的从一个运动阶段到另一个阶段的转换,这在原则上于我始终是可能的,因为我是有知觉、有运动的动物(这被称为身体)。"④将身体与主体合二为一,将人定义为"拥有肉体的心"(mind with a body)是身体美学的一大贡献,其重新弥合了唯心主义心灵观和庸俗唯物主义肉身观的二元割裂。前者将人抽象为一种精神化的存在及其产生的理想主义(caprious idealism);后者则将人物质化,使身体沦为堕落与情欲的代名词。这两种倾向实则是现代人在工业文明的异化过程中所表现的一体两面:白天作为理性的化身沉沦于各种工具理性的计算之中,而在夜晚则变为情欲化的动物沉溺于犬马声色之中。身体美学对人的重新定义,不仅是要消除工业社会单向度的异化过程,而且是要通过身体重新找寻人与世界的连接点。正是从这点出发,身体同样也是联系现代人与大自然之关系的最好出发点。

2. 生态美学的身体维度拓展

从生态美学的自身发展来看,生态美学是在美学学科由认识论美学向存在

---

① Friedrich Nietzsche. *Thus Spake Zarathustra Herfordshire*. Wordsworth Edition Limited , 1993. p. 31.

② 王晓华:《身体美学导论》,第 17 页。

③ Richard Shusterman. *Pragmatist Aesthetics*: *Living Beauty*, *Rethinking Art*. New York & London: Littlefield Publishers, 2000. p. 267.

④ [法]莫里斯·梅洛-庞蒂:《哲学赞词》,杨大春译,商务印书馆 2000 年版,第 151 页。

论美学转向的大背景下诞生的。因此,在其诞生之初就表明了生态美学是一个"极具前沿性的美学理论问题"①。这就意味着关于生态美学的审美经验研究不可能照搬传统艺术美学的研究思路,其必须构建一套合乎自身实际情况与学理内涵的生态审美范畴。至于如何建构生态美学的审美范畴,不同学者从不同角度给出了建构路径选择:既有从传统美学体系中的"自然美"范畴与马克思主义实践理论中的合理因素结合进行论述的,也有结合少数民族审美体验和现代生态科学、系统科学阐释生态审美构成的,还有从中国传统哲学中提炼生态审美的最高范畴的,但最具影响力的还是结合海德格尔哲学(特别是其后期"天地神人四方游戏"理论)对人的生态审美向性的存在论分析。

按照生态存在论美学观的观点,人类即是自然世界的一个组成部分,自然生态的美与人的存在是一个相互统一的整体。生态审美之维中因为"此在"的"在世之在",人与世界的"打交道"的最主要方式是人使用"上手的东西",即人的感性活动,所以在这个过程中人的切身实践无疑起着重要作用。而人对生态审美的切身体验正是以我们的身体感官为基础进行的,因为任何一种美感都是以身体对外物的感知觉为基础而展开的。而以海德格尔的存在论为基础的生态存在论美学观却缺失了有关对身体维度的探讨,如瓦朗斯所言:"在《存在与时间》中我们找不出三十行探讨知觉问题的文字,找不出十行探讨身体问题的文字。"②而为了阐明生态存在论美学中的美感发生,一些学者从"身体"出发对生态美学理论的构建提出了建设性的意见。

刘彦顺教授在《身体快感与生态审美哲学的逻辑起点》③一文中就认为不能在对纯粹艺术品的欣赏与处在空间环境中对自然美的体验间画等号。其原因就是"现行的美学知识体系无法将自然生态空间中美感的形态、内涵、特征、构成等属于造物层面的问题于艺术美区别开来"。而作者认为正是两种鉴赏模式的区别之处才是生态美学研究真正的着手点。区别于以视听觉为主的对艺术的静态的欣赏模式,在生态体验中人乃是处于一个动态的空间中,而"考察人处在这一空间环境中的审美向性及其构成方式就成为生态审美哲学建构的唯

---

① 曾繁仁:《生态美学研究的难点和当下的探索》,《深圳大学学报》(人文社会科学版)2005 年第 1 期。

② [法]莫里斯·梅洛-庞蒂:《行为的结构》,杨大春、张尧均译,商务印书馆 2010 年版,第 2 页。

③ 刘彦顺:《身体快感与生态审美哲学的逻辑起点》,《天津社会科学》2008 年第 3 期。

一的、逻辑的起点"。作者从空间性出发,引入身体快感来研究生态审美,其认为身体快感是"把人置于特定的生态空间之中,除了由视觉与听觉带来的审美快感之外,还包括嗅觉、触觉、味觉等协同起作用的快感……身体是以此时此地的整体性来参与审美的"。区别于单纯的感官经验,在对自然的审美中,作为身体构成的"我"将主体的意向性以身体作为"动态结构基础"投射到世界中去,从而与世界形成互动关系。"自然生态环境中的美感存在是随着身体的空间性而持续绵延地变化的。这与人对纯粹艺术品的联系在于视觉与听觉的感官的丰富性"。在这里刘彦顺教授的论述似乎可以导出以下结论:美与自然美(艺术美)的区别仅仅在于主体的"我"在审美体验中动用身体感官的多少与层次的不同。此外,刘彦顺教授还将三者的本质区分作了更详尽的哲理论述①,而作者这种把空间中的人的身体快感引入生态美学研究的观点对我们有着十分重要的启示作用。

对"身体"在生态美学中的作用的重视,还表现在刘成纪教授的《生态美学的理论危机与再造路径》②一文中。作者认为当下的生态美学研究总是围绕着人与自然关系进行着一般性的讨论,但缺乏有效手段从审美角度切入思考。"目前中国生态美学研究之所以在理论上难有进展,原因就是它一方面自我认定为美学,但却流于哲学的一般论述,忽略了美学介入生态问题的独特性"。作者首先批评了从"精神性"上区别生态美学与传统美学的相关论述。作者认为鲁枢元教授的"精神生态学"同曾繁仁教授的"生态存在论美学"一样:"双方都意在反思生态背景下人的存在问题,并将生态化的诗意生存作为美学所要达至的理想。""精神生态学"作为研究精神性存在主体(主要是人)与其生存的环境(包括自然环境、社会环境、文化环境)之间相互关系的学科③,并不能看待人类精神活动在生态语境与传统审美语境之间的区别。对此,作者主张将身体美学作为研究生态美学的理论起点,"生态美学强调人的自然性,就是强调人的身体性"。作者还引述了梅洛-庞蒂、理查德·舒斯特曼关于身体的叙述以来证明身

---

① 值得注意的是,刘彦顺教授又在随后的论文中通过对生态审美的"时间性"论述弥补了这一缺陷,但因论述内容与本节所讨论的"身体"理论关系不大,在此就不再赘述。(参见刘彦顺:《从"时间性"论生态美学对象的完整性》,《山东社会科学》2013 年第 5 期)

② 刘成纪:《生态美学的理论危机与再造路径》,《陕西师范大学学报》(哲学社会科学版)2011 年第 2 期。

③ 鲁枢元:《生态批评的空间》,华东师范大学出版社 2009 年版,第 93 页。

体问题在生态美学研究中的重要地位。"精神生态美学不仅是精神的事业,而且还是身体的事业,更是从身体出发重建身心一体关系的事业。"作者虽未对如何通过身体建构生态美学提出更为详尽的理论规划,但作者以身体为关乎主体的审美生态学建构的"源发性""奠基性"的观点,对于我们的研究也具有一定的启发意义。

此外,西方环境美学研究也十分注重身体参与情况。美国学者阿诺德·博林特就认为在环境体验中,人的五种感觉是一综合运用的过程,人对自然的鉴赏不仅包括眼下,而且还"包括身后、脚下、头顶的景色"。他首先从理论上对艺术审美与环境审美进行区分,并认为各种审美理论都必须建立在具体的审美感受之上。而艺术与环境之间的审美感受区别就在于:"环境中审美场域的核心是感知力的持续在场。艺术中通常由一到两种感觉主导并借助想象力,让其他感觉参与进来。环境体验则不同,它调动了所有感知器官,不光要看、听、嗅、触,而且用手、脚去感受它们,在呼吸中品尝它们,甚至改变姿态以平衡身体去适应地势的起伏和土地的变化。"①这样柏林特就是以感知为基础(他称之为"感知力"),以现象学描述为方法论指导,构建起自己的"参与美学",而这种美学的欣赏参与过程又是以"身体"为基础而实现的——"美学欣赏,和所有的体验一样是一种身体的参与,一种试图去扩展并认识感知和意义可能性的身体审美。"②在柏林特看来,身体并非纯粹的肉体或低级的感官,而是一种"环境的产物和文化的构建",因此对美学的身体化研究就不再限制于环境鉴赏领域,而应向所有的审美活动扩展。对此,他言道:"'审美的身体化'给审美理论带来了很大的启示。它使得我们基于肉体来理解审美经验。反过来,又要求我们拓展对于审美欣赏的理解。欣赏不能再给限制于静观,不能再给限制为使意识客观化的行为。同样,审美的对象也不是清晰而自我包含的,它既对审美的身体做出反应,也根据审美的身体来行动。最终,审美的程度、范围和包容性都得到了极大的扩张。"③

由此可见,对身体问题的研究是很多生态美学研究者切入生态美学的"突

---

① [美]阿诺德·柏林特:《环境美学》,张敏、周雨译,湖南科学技术出版社2006年版,第28页。
② [美]阿诺德·柏林特:《美学再思考——激进的美学与艺术学论文》,肖双荣译,武汉大学出版社2010年版,第115页。
③ [美]阿诺德·柏林特:《环境美学》,张敏、周雨译,第85页。

破口",只有从身体维度出发,才能构建区别于艺术审美的独特的生态审美范畴与生态审美经验。生态美学唯有走出主客二分的认识论思维模式,走向人与自然的平等互动的模式才得以成立。而现象学通过对主体的"我"的还原,揭示了"我"的"在世之在"的动态结构,才成为了生态美学建构的理论基础之所在,而通过生态现象学的方法揭示生态审美的意义便是生态存在论美学观的根本任务,诚如 U. 梅勒所言,现象学对生态美学的贡献"首先与海德格尔联系在一起,其次在稍弱的程度上与梅洛-庞蒂联系在一起"①。海德格尔通过现象学的还原将胡塞尔的先验自我拉回到人世,作为"此在"的人就是"在世界之中的存在",其为生态美学奠定了一般性的哲学基础。而梅洛-庞蒂则从胡塞尔后期所提出的"生活世界"概念出发,以海德格尔的存在论哲学为基础而展开,讨论了作为身体化存在的人与世界"打交道"的具体方式,其为生态美学的美感发生奠定了具象化的经验基础。

第二节　梅洛-庞蒂的知觉现象学与身体感知

1. 现象学中的"身体"问题

海德格尔在《存在与时间》中言道:"此在是这样一种存在者:它在其存在中有所领会地对这一存在有所作为。"②作为此在的人的存在究竟是"意识及其对象性抑或是在无蔽和去蔽之中的存在者的存在"③。不同的现象学家持有不同的看法。在胡塞尔看来,通过"回到事物本身"的现象学还原,具有意向性的主体意识便从一种自然态度转向了先验态度,这种先验的自我乃是一切知识、看法、观念的绝对的可靠基础。"我在理论上不再被当成是自我,不再是在把我当成存在者的世界内的实在客体,而是只被设定为对此世界的主体,而世界的存在确定性本身也属于'现象'。"④而在海德格尔看来,现象学的还原不是一种追

---

① ［德］U. 梅勒:《生态现象学》,柯小刚译,《世界哲学》2004 年第 4 期。
② ［德］海德格尔:《存在与时间》,陈嘉映、王庆节译,第 61～62 页。
③ 陈嘉映:《海德格尔哲学概论》,商务印书馆 2016 年版,第 375 页。
④ ［德］胡塞尔:《纯粹现象学通论》,李幼蒸译,商务印书馆 2015 年版,第 453 页。

求严格科学意义上的认识论方法,而是一种对人的生存态度的"思想方式的变革"(比梅尔语)。"在世界之中存在"是还原到最后唯一的余留,其先于一切认识,"'在之中'意指此在的一种存在建构,它是一种生存论形式。……'我是'或'我在'复又等于说:我居住于世界,我把世界作为如此这般熟悉之所而依寓之,逗留之……'在之中'是此在存在形式上的存在论视域,而这个此在具有在世界之中的本质性建构。"①"在世之存"也是梅洛-庞蒂思想的出发点,在《知觉现象学》的一开始,梅洛-庞蒂就阐明了他的现象学态度:"在他看来,在进行反省之前,世界作为一种不可剥夺的呈现始终'已经存在',所有的反省努力都在于重新找回这种与世界自然的联系,以便最后给予世界一个哲学地位。"②但与海德格尔从此在的时间性分析的基础存在论上升到对存在问题的一般存在论做法不同的是,梅洛-庞蒂从胡塞尔晚期的生活世界概念出发,以人的肉身化存在展开对人的在世之存的阐释。因此,在某种意义上梅洛-庞蒂是以"身体"概念为核心,通过对身体解读,梅洛-庞蒂试图重新找回我们是如何与世界自然原初的联系。

在《知觉现象学》一书中,梅洛-庞蒂问道:"如果我真的置身于世界和处在世界中,我能意识到我置身于世界和处在世界中吗?"③这个问题的答案在胡塞尔和海德格尔那里是不言自明的。通过对日常观念的"悬搁",胡塞尔哲学中主体得以发现世界通过意识与自我联系的这一"现象"事实:这个世界对我们所具有的意义,它的不确定的一般意义以及它根据实体个别性所确定的意义,是在我们自己的感知的、表象的、思维的、评价的生活的内在之中被意识到的意义,是在我们主观的发生中形成的意义。④ 尽管在后期,胡塞尔也提出了"生活世界""主体间性"等概念去修正自己的理论,遗憾的是,其并未建构起完整的理论体系,现象学还是带有唯心化的唯我论残余。"胡塞尔把先验还原意志推及日常自我从而把它还原为不具世界性的先验主观性,海德格尔则坚持认为这种还原既不必要也不可能,无论怎样还原世界总是人的本质构成部分。"⑤"对存在

①　[德]海德格尔:《存在与时间》,陈嘉映、王庆节译,第63~64页。
②　[法]莫里斯·梅洛-庞蒂:《知觉现象学》,姜志辉译,商务印书馆2001年版,第1页。
③　[法]莫里斯·梅洛-庞蒂:《知觉现象学》,姜志辉译,第65页。
④　参见倪梁康编:《面向事实本身:现象学经典文选》,东方出版社2000年版,第93页。
⑤　陈嘉映:《海德格尔哲学概论》,第50页。

的领会本身就是此在的存在的规定",在海德格尔看来,人对世界的原初领会是世界竟然存在。正是对这种"在之中"的震惊,指引着古希腊人对"存在"问题的思考,也奠定了千百年来西方哲学的本体论基础。但传统哲学却错把"存在者"视为"存在",其"不理解本体论式建筑于某种对世界的假定的态度上的,而世界事实上不是根本性的,而是属于一种由于人类深陷日常存在而被歪曲的体验方式之中的"①。故海德格尔通过对人的日常生活分析,重新从对"此在"的"实存"(existenz)、"情绪"(stimmungen)、"忧虑"(sorge)以及走向"死亡"(tode)等状态的描述将人与世界的联系从先验自我拉回到生活世界之中。这便是现象学从认识论到存在论的重要转折,为了强调这种思维方式的转变,海德格尔特地强调了对"上手之物"(das Zuhandene)和"在手之物"(das vorhandensein)之间的划分,这种区分在其看来是"此在"的本真状态与认识状态的区分;他还将此在的"在世界之中存在"建立在人的"烦忙"之中而非对世界的认识之中。"此在本质上包含着在世,所以此在的向世之存在本质上就是操劳"②。是使用"上手之锤"去与世界之中的事物"打交道""制作某种东西"。而一旦我们开始对"称手"的工具进行凝视,"上手之锤"变成了"在手之锤",人便进入了一种对世界的认识状态,但"认识并不首先创造出主体同一个时间的'commercium'[交往]"③,对世界的认识始终建立在人与世界相处的基础之上。既然人与世界的原初关系是人与世界"打交道",那么这里的人就不再是作为纯粹意识存在的主体而是活生生感性存在的具象化的人。"上手之锤"是通过人的躯干与手进行操作的,在这里海德格尔的"此在"似乎已经接触到了人的身体化存在问题,但其最终却与其失之交臂了。对此有学者反问:"如此明显地突出手的位置与作用,岂不也设定了此在是有手的,因此此在也有一肉身,亦即此在是一肉身的存在。"④

2. 梅洛-庞蒂的知觉现象学

梅洛-庞蒂认为:"我们首先有了对世界的体验,我们才能对世界进行思考。

① [爱尔兰]德尔默·莫兰:《现象学:一步历史的和批评的导论》,李幼燕译,中国人民大学出版社2017年版,第220页。
② [德]海德格尔:《存在与时间》,陈嘉映、王庆节译,第67页。
③ [德]海德格尔:《存在与时间》,陈嘉映、王庆节译,第73页。
④ 倪梁康主编:《中国现象学与哲学评论》第4辑,上海译文出版社2001年版,第61页。

通过这种体验,我们有了存在的意识并且理性和真实这样的词同时具有了意义。"①对世界的体验是以人的身体为展开的,这里的身体区别于传统哲学中身体与灵魂、身体与世界、感知与意识二元对立中的一极的身体,其乃是一种寓于世界之中而具有"神秘的""荒谬的""含混的"身体。正是从这种"身体性在世"的思路出发,梅洛-庞蒂将胡塞尔的先验意识的现象学还原拉回到海德格尔的"在世之在"。对此,他指出:"身体知觉不是关于世界的科学,甚至不是一种行为,不是有意识采取的立场。""知觉是一切行为得以展开的基础,是行为的前提。世界不是我掌握其构成规律的客体,世界是自然环境,我的一切想象和我的一切鲜明知觉的场。"②这里的知觉不是解剖学意义上与感觉相对应的、大脑对作用于其上的客观事物所产生的一种整体认识。梅洛-庞蒂的首部重要著作《行为的结构》整本书都可以看作是对那种将人的行为视为简单的刺激反应模式的复合物的还原论的一种批判。借助于格式塔心理学关于"形式"(gestalt)的解释以及临床心理学的实践证明,梅洛-庞蒂认为人的感知觉、经验意识、身体和环境乃是一个庞大而复杂的织体。"活的主体与环境之间的相互作用,毋宁说是一种天衣无缝的组织。"③将人的行为看作是一种"形式",在梅洛-庞蒂看来是关于人的自由和自然之间的一种"辩证法",乃是对行为主义心理学视"行为"为"刺激——反应"和一般哲学视"行为"为"各种关系"的一种综合超越。在人的行为中,环境不再是一种由部分构成的自在存在,行为本身将人与环境共同纳入到了一个敞开的"互动的结构化过程"(structuration)之中。

从行为到知觉再到对身体的研究,也是梅洛-庞蒂从心理学到现象学的一个转向,正如施皮格伯格所言:"知觉是科学与哲学的发源地。被知觉或被体验到的世界以及它的全部主观与客观的特征,是科学与哲学的共同基础。弄清这个基础是新的现象学的第一任务。"④而他的创新之处就在于将"身体—主体"(Body-Subject)概念引入到现象学之中。这个概念主要是用来克服自笛卡尔以降的二元论哲学,因为这里的"身体—主体"不是传统意义上灵肉分离的肉体。

---

① [法]莫里斯·梅洛-庞蒂:《知觉的首要地位及其哲学结论》,王东亮译,三联书店2002年版,第14页。
② [法]莫里斯·梅洛-庞蒂:《知觉现象学》,姜志辉译,第5页。
③ [爱尔兰]德尔默·莫兰:《现象学:一步历史的和批评的导论》,李幼燕译,第432页。
④ [美]施皮格伯格:《现象学运动》,王炳文、张金言译,第725页。

它是主体精神与肉体的统一,是联系人与世界的关键之所在。梅洛-庞蒂认为人的生存的最直接的方式就是人的身体,而对世界的知觉是人与世界接触和交往的最基本的方式。"身体本身是图形和背景结构中那个始终不言而喻的第三项,任何图形都是在外部空间和身体空间的双重界域上显现的。"①身体是"我"的主体的同时,也是"我"与周遭环境接触的一个载体,主体、身体、环境三者实际上构成了一个完整的现象场,身体以其特殊的方式将"我"带入世界,"我"的存在永远也摆脱不了身体化的存在方式,而"我"对世界的了解与认识也是基于身体对"我"所展示的图景。我们的身体和世界从来都不是互相割裂对立的两极,知觉的作用就是我们的身体使用它去不断地"体验"世界。这种"体验"是对个别事物具体的、直接的"体验",但知觉同时也具有超越性,这使得知觉内容能够融合为一个场域。而世界本身"大致可定义成全部可知觉物、作为万物之物的世界本身,也不应被理解为数学家或物理学家所言意义上的客体,即包含所有局部现象的唯一法则或被一致证明的根本关系,而应被理解为所有可能存在的知觉的普遍风格"②。世界就是"一切场域的场域",是身体所形成的各个"场域"的整体,是身体统一性的相关物。就这样,梅洛-庞蒂以身体为切入点,解决了我们的身体如何在世界中"存在"的问题。如果说《知觉现象学》走了一条以身体为起点、通过感知觉联系主体与世界的现象学分析路径的话,那么在梅洛-庞蒂晚期的《可见的与不可见的》这一遗作里,他则从本体论的角度重新阐发了主体与世界的"肉身"联系:"事物是我的身体的延伸,我的身体是世界的延伸,通过这种延伸,世界就在我的周围……世界之肉身(质料)是我之所是的可感的存在的未分状态。"③"肉"作为人与世界的共体构成,在这里具有本体论上的意义,其"是一种新的存在类型,是一个多孔性、蕴含性或普遍性的存在,是视域在其面前展开的存在被捕捉、被包含在自己之中的存在"④。"肉"使得世界与身体具有了同源性,而其同时也具有一种感性的特征。虽然梅洛-庞蒂对世界之肉身的论述是不完善的(因其英年早逝),但"肉"却将主体与世界串联

①　[法]莫里斯·梅洛-庞蒂:《知觉现象学》,姜志辉译,第139页。
②　[法]莫里斯·梅洛-庞蒂:《知觉的首要地位及其哲学结论》,王东亮译,第13页。
③　[法]莫里斯·梅洛-庞蒂:《可见的与不可见的》,罗国祥译,商务印书馆2008年版,第325～326页。
④　[法]莫里斯·梅洛-庞蒂:《可见的与不可见的》,罗国祥译,第184页。

在一种可感的关系之内,"于是世界本身而非主体成为感知的源头并且具有一种首创作用,……故而,并不是我在感知,而是事物本身在我之中被感知"①。人与世界关于肉身的关联性,使得整个世界充满了神秘性与灵性,而人对世界的可感特征也重新启发了我们对人与自然关系的思考。

梅洛-庞蒂的知觉现象学视我们身体的感觉、知觉系统为一个整体,积极参与到对具体生态环境的意向性感知的过程中来。正如舒斯特曼所言:"梅洛-庞蒂现象学的主要目标是恢复我们与事物本身之间的健全接触,恢复'我们对世界的实际体验',就像'他们首先被给予我们'那样。"②这样一种身体观乃至世界观带给生态美学的启示就是:在人对自然产生意识之前,人已经处在自然世界之中(以肉身的方式)。身体对自然的把握乃是一种"沉默的意识",人对自然的看法虽是以身体力行为基础,但是却要经过主体意识的"加工"后才能产生明晰化的认知。近代西方哲学在把认知意识化的同时将自然机械化,也遗忘了身体与自然的原初联系,而只有在实际的对生态自然感知中,我们的身体才重新得以被发现。以本章开头所节选的《夏日芳草》对自然的体验为例,这种"我"的身体与周围环境互相联系,形成一个包围着"我"的"身体—主体"的"自然场域"。我们正是身处于自身身体感知外界环境所形成的这个自然场域之中时,才能对其所身处的环境进行审美意义上的感知。以重阳登高为例,当我们爬上山顶时,我们的身体立即就将脚下的草甸、松软的泥土、清新的空气、碧蓝的天空以及远处层峦叠嶂的山峰等等周围的环境要素融入到以我们身体为核心所构成的一个感知背景(或叫作"现象场")中。这种身体的意向性功能是在我们的身体感知到这些事物之后便瞬间形成的。这个过程是一种前意识的、身体自发形成的过程,这是我们身体的"在世之在"以及与自然"打交道"的最基本的方式。③ 在身体自发形成这个场域内,处于核心的是"我"的身体,它此时一边因爬山的剧烈运动而加快了新陈代谢,一边感受着泥土青草的芬芳、空气的清新以及远处云雾缭绕的山峰等等。当我们的身体处于这样一种场景之下

① 王亚娟:《梅洛-庞蒂:颠覆意识哲学的自然之思》,《哲学研究》2011年第10期。
② [美]理查德·舒斯特曼:《身体意识与身体美学》,程相占译,商务印书馆2014年版,第87页。
③ 人的身体对自然的感知的敏锐度由于社会文明的发展而逐渐走向一个退化的过程,但是在一些其他哺乳动物身上依然可以观察到这种敏锐的对自然环境的"感知力"(动物仅仅是出于生物本性而对自然进行感知,不能像人一样对自然的感知上升到审美层面上)。

时,我们无疑会感受到的一种愉悦感。这种审美体验与传统美学范畴中对"自然美"的体验完全不同。后者乃是距离化的以视听为基础并将自然之"美"比附于"风景如画论"的审美经验,在这种审美中,身体始终被当作一种客体或是工具参与到对自然的精神性把握过程之中的。而前者则将肉身与精神合成一个"身体","心灵和自我不再是独立的精神实体,而还原成身体的灵性。由此出发,审美经验不再是对象性的认识活动,而是有灵性的身体与事物之间的相互作用和交流"①。人与自然的这种"交流"不仅仅依靠五官,其更多的是一种身体内在的感觉,甚至包括生理本体感受与肌肉运动知觉。这样的身体被"双重化为内与外",身体既可以被自我觉察又是感知外物的充要条件,故而自然也被身体"双重化为内与外",主体、肉身与自然正是通过"肉"这一概念被串联起来,形成了一种"相互插入、相互交织的关系"。② 因此,在生态审美体验中,"我"与自然不再是分割的两极。通过身体的联系,"我"被重新与自然整合为一个有机的整体,而只有在这样一个整个现象场中,作为参与性、存在论式的生态审美经验才能得以生发。

在通过梅洛-庞蒂的现象学还原之后,我们所得到的唯一剩余就是:我的"在世之在"意味着我们在生态自然中存在的最基本方式就是身体化的存在。"身体持久而享有特权的位置,在于它是界定事物的枢轴,它能够为观察事物提供基础和方向。"③从此意义上说,我们要研究生态美学中的审美经验生发问题,就必须以身体知觉对自然的具体感受为其基础,然后考虑如何通过身体知觉使人体验到生态自然之美的相关问题。这就是为什么我们将身体感知排在生态审美经验中的首要地位的原因。

第三节　生态审美经验中的身体感知

根据梅洛-庞蒂的分析,即使从生理学的角度来看,我们的知觉以及行为既

---

① 曾繁仁:《生态美学基本问题研究》,第145页。
② 参见[日]鹫田清一:《梅洛-庞蒂认识论的割断》,刘绩生译,河北教育出版社2001年版,第213页。
③ [美]理查德·舒斯特曼:《身体意识与身体美学》,程相占译,第87页。

不是纯粹的意识活动,也不是彼此孤立的现象,相反,它们在自身之中包含着一种"内在的可理解性"。"通过共同参与到某一结构(在这一结构中,机体特有的活动模式得以表达)之中,情景和反应内在地被连接起来。"①在其看来,身体知觉乃是一个从"物理秩序"向"生命秩序"再到"人类秩序"的一个不断上升的过程。而从存在论哲学的角度来看,毋宁说我们的身体知觉敞开了一个世界,揭示了事物和他者的存在,同时也使我们的意识扎根于存在之中,展现出某种特定的"在世界之中存在"的方式。因此,我们的身体感知行为反映了身体与世界的一种原初的统一。在这一节中我们将进一步表明,这种统一是一种多层次的统一,既有作为生理身体的官能统一,也有作为"身体—主体"的整体的身心统一,还有主体与客体在身体意向性感知上的统一。感官的统一使得生态审美中的身体感知区别于传统艺术审美经验中对感官的运用;身体与主体的合一克服了自笛卡尔以来的身心二元论,突出了生态审美中快感与判断的一致性;而身体意向性则是联系自我与世界的纽带,是身体感知世界并获得审美体验的逻辑起点。正是因为身体感知具有以上的三个特征,才使我们能够通过"身体"揭示被遮蔽了的"存在",并在这个揭示的过程中感受到作为"无蔽真理"的美。而这个揭示的前提则是建立在"身体—主体"对具体生态环境的意向性感知过程所形成的现象场之中。"身体原是有关世界变化着的视景的中心"②,身体感知的特点决定了人与世界间的联系必须以身体为活动轴。人对世界的意识必须建立在"形象——背景",即身体对外在事物感知的"视域"之下。我们正是处于这个现象场中,才能揭示我们的身体与自然环境的原初联系,才使得一个有着和谐之美的生态世界向我们敞开成为可能。下面我们来分析身体感知的三个特征以及身体—环境所形成的现象场是如何沟通我们的身体与自然环境的。

1. 身体感知的特征

　　如前所述,在西方传统思想里,身体始终被当作是一种纯粹物质性的存在,其与精神性存在的意识共同构成了一对在西方哲学中对立的范畴。与此相应,

---

①　[法]莫里斯·梅洛-庞蒂:《行为的结构》,杨大春、张尧均译,第199页。
②　[美]施皮格伯格:《现象学运动》,王炳文、张金言译,第754页。

在传统审美经验中,身体对审美意识的生发作用也往往遭到美学家们的贬低或忽略,美(审美)被仅仅当作一种精神层面的愉悦。但"在生态学的视野下,身体在审美活动中就不再是客体而成为了主体:它不再是被审视的对象而成了审美经验的积极参与者"①。而身体之所以能在生态审美经验中充当积极参与者的角色,是因为在生态审美中的"身体"已不再等同于狭义的肉体意涵。全新的审美体验呼唤一种新的身体观念。

(1)身体诸感的综合性

无论从何种哲学出发,身体首先且必然是一种物质性、生理性的存在,身体最重要的一个功能就是使"我"得以以物质的形态在"世界"之中"存在"。而这种存在又建立在"我"对世界的感知基础上,我们获得的所有信息经验(包括审美经验)都是通过身体感官所获得的。虽然我们不能赞同贝克莱"存在即是被感知"的经验论断,但不可否认的是没有感知就无从谈论存在。② 即使传统审美经验再怎么强调美是"不涉及概念而被表征为普遍愉悦的对象",是"理念的感性显现"或是"有意味的形式",其都不能否定在感性学中感觉经验在审美活动中的基础位置。每个人都有眼睛、耳朵、鼻子、皮肤、舌头五种器官,每种器官都对应着可以感受到一种相应的感觉。但传统美学体验只看重人的视、听经验,而往往贬低其他的感官经验,例如康德认为:"玫瑰花在其香味上是快适的,这虽然也是一个感性的和单一的判断,但不是鉴赏判断,而是一个感官判断。"③审美不是单纯的感官刺激与享受,而是要从感觉经验上升到认知判断的一个过程。虽然从生理来说,视觉给予我们颜色、光线,听觉给予我们声音,嗅觉给予我们气味,味觉给予我们对食物的味道以及触觉给予我们触感,但从精神层面来讲却只有前两者能导致一种审美判断的生发,而后三者就只能停留在感官的快适层次而达不到审美的要求。前两种感官可以将感觉事物的"形式"从"内容"中抽象出来,既而形成对感性事物的普遍性的愉悦之情,而后三中感官则不能将可感事物的"形式"与"内容"中分离出来,因此就不能产生一种普遍的愉

---

① 曾繁仁:《生态美学基本问题研究》,第145页。

② 在著名的心理学实验——感觉剥夺实验(W. H. Berton,1954)中,被试者通过被限制感知觉而处于幽闭的空间中。经过若干天的实验,被试者往往会出现无聊和焦躁不安的反应,其注意力、智力也受到显著影响,生理上也产生了变化,全部活动严重失调,有的甚至还出现了幻觉现象。即使实验人员承诺给予实验者较高的报酬,大部分被实验者也不愿回到"小黑屋"中去。

③ [德]康德:《判断力批判》,邓晓芒译,第50页。

悦之情而只能流俗于"趣味无争辩"的个人化以及特殊性的快适之中(如个人对食物口味的不同喜好)。

　　传统审美经验中这种论调得以成立的一个前提就是以机械唯物主义看待人的生理(身体)构成,并把人的感知觉器官以及人的意识判断割裂开来而看作是一个独立运作的生理活动。我们看到绘画的优美,听到音乐的动听,两种活动似乎是独立运作的,但事实真是如此吗? 梅洛-庞蒂从心理学的案例中否定了这一判断。首先,他从人的视觉中复视现象①着手,批判了那种将两个眼球、视神经、大脑割裂分析,而后再通过一种综合去解释视觉的形成的观点。与此相对,他认为视觉是一种联觉(la percepton synesthZsique),观看并非一个单一的视觉活动,而是一种身体的综合,身体(健康状态下)乃是对人的感知觉的一种先天协调,其具有使各个部分统一为一个整体而运动的能力。更进一步,他认为我们的视觉和听觉也是联系在一起的,没有纯粹独立的视觉与听觉。"要确定大脑的视觉区域和听觉区域分别提供的东西是不可能的:两者都只能同中枢一起运作,整体化的思想使假设的'视觉内容'和'听觉内容'变样到难以辨认出来的程度。"最后,他认为各种感觉都是相通的,具有综合性,不存在解剖学意义上的纯粹的视觉或纯粹独立的五种感官。每一种正常的感觉都是联觉,"联觉是通则,我们之所以没有意识到联觉,是因为科学知识转移了体验的重心,是因为要从我们的身体结构和从物理学家构想的世界中推断出我们应该看到、听到和感觉到的东西"②。

　　联觉是身体诸感的综合,其是身体作为一个统一体的一种表现形式,而想要纯粹地提取出单一的感官则是不可能的。以触觉为例,"纯粹触觉是一种病理现象,而非正常体验的一个构成部分……换言之,在正常人中,没有分开的触觉体验和视觉体验,只有融合在一起的,不可确定各种感觉材料分量的整体体验"③。在意识鉴赏中保留视听觉经验而抽象掉其他感知经验的做法或许能让我们的大脑注意力更集中在对音乐或绘画的形式构成的认识上,但是在生态审

---

　　① 复视(diplopia)指两眼看一物体时感觉为连个物象的异常现象。我们在观察物体时,单个物体会在我们的双眼视网膜上各投射出一个映像,但在大脑中却又被加工合并为一个完整的关于物体的视觉。但在某种非正常状况下(如大脑、脑神经损伤以及眼部肌肉发达等),大脑给予我们的则是两个恍惚的关于物体的视觉,这即是复视。

　　② [法]莫里斯·梅洛-庞蒂:《知觉现象学》,姜志辉译,第293页。

　　③ [法]莫里斯·梅洛-庞蒂:《知觉现象学》,姜志辉译,第160页。

美体验中,我们却是要将大自然的形式与内容作为一个整体而被体悟,因此在这种审美过程中就不能仅仅依赖视听觉经验了。同样是对自然的体验,在电视机上观看《动物世界》与实际去参观动物园甚至是去非洲草原体验动物大迁徙,这三种不同的活动带给我们的审美体验强度明显是不同的。在观看电视时,我们只用(或主要用)视、听觉去参与审美。而在动物园中我们不仅"听"动物、"看"动物,而且还在铁栅栏的另一旁"感受"动物。而在非洲草原上我们则是动用整个身体去感受自然中动物的方方面面。造成这种状况的一个原因就是我们的感官参与到三者体验中的程度是不一样的。正如刘彦顺所言:"在自然环境中,'我'是以全面的身体感觉参与的,而有多少身体感觉器官的参与,则取决于自然环境材料的构成要素。"①回到本章开头中《夏日芳草》的审美体验中,我们会发现作者所描述的这种愉悦之情是与单纯的自然景物的视觉化观照所产生的审美经验迥然不同的,二者的差异归根结底乃是因为审美态度与身体参与程度的不同而得到两种不同审美强度的审美经验。正如法国人居约所称:"深深地呼吸,感觉血液怎样通过与空气的接触得到净化和整个循环系统怎样呈现出新的活力,这差不多是一种真正令人陶醉的快乐,其审美价值是决不能否定的。"②对山顶草茵的切身感受、对青草芳香气味的留恋以及对远方蓝天白云的向往乃是一个以身体联觉为统一体的"一个"审美经验,其乃是一种通过我们身体中的五种感觉的联合而生发的一种区别于传统静观的距离化的审美经验类型之外的生态审美体验。

(2)"身体—主体"的合一性

自笛卡尔以降的哲学,由于受到"我思故我在"的影响而一直处于主体的身心二元割裂的境遇之中。在笛卡尔看来,"我"(作为精神的我)是一个"思维的东西而没有广延",而肉体则是"有广延的东西而不能思维",故而他进一步推断精神上的"我"要比肉体上的"我"更真实、更确定、更具有第一性。身心的二元割裂导致的一个状况就是将精神化的"我"当作主体而把其他之外的事物都视为客体,而身体在这里就处于一种尴尬的境地:一方面它理应被归为客体(因为它不是精神化的主体),但另一方面它又与其他客体不同,其始终是主体认识其

---

① 刘彦顺:《身体快感与生态审美哲学的逻辑起点》,《天津社会科学》2008年第3期
② [美]理查德·舒斯特曼:《实用主义美学》,彭锋译,商务印书馆2012年版,第347~348页。

他客体的一个工具或载体。在这样的二元论哲学框架下的认知论美学自然也形成了自身关于身体与心灵的偏见,其往往贬低或忽略身体感受器官对审美客体的感知过程,而普遍重视审美主体的意识在脑海中形成美感的精神过程。例如,康德虽然强调认识包括审美的先天综合判断,强调后天的感性经验与先验的主体认识能力的相互结合,但他的审美理论却把主体对感性现象的感知提升到了判断力对客体的直观形式的把握,从而将感性现象界的丰富内容剔除出审美经验外,继而将美抽象化的同时也割裂了美与感性世界的关联。而到了黑格尔那里,则更是把美看作精神层面的事物("美是理念的感性显现"),将艺术的发展比附于"绝对精神"的发展之中。在其看来,如果审美问题仅仅是研究主体感性的审美快感的话就会从感性经验陷入到审美相对主义,而只有把美抽象为一种精神存在,我们才能把握和理解关于美的本质。"以传统认识论为哲学基础的美学,虽然极力强调'感性'、'情感'、'形式'等概念或范畴,但由于骨子里改变不了主客二元对立的思维模式,其背后仍然不同程度地印有'理性'、'静观'或者'逻辑推演'的烙印。"①

但是如果拿认识论美学的这种主客、灵肉二分的观念去审视生态自然的审美过程,就会遇到无法克服的困难。因为,按照二元认识论的观念,人作为审美主体去审视生态自然之"美"时,得到的是传统美学范畴之下与"社会美"所对应的"自然美"。而在认识论美学体系中,"自然美"的位置也略显尴尬,如贝尔视美为"有意味的形式"(significant form)而排除自然之美,也有观点认为自然美"是和社会生活发展的进程密切联系在一起的——归根结底它是一定社会实践或社会生活的产物"②。但这种自然美还是比附于艺术美或社会美而存在的"风景如画"之美,而且其与社会属性之关联程度也弱于"社会美"或"艺术美",并没有真正区分开"自然美"与其他审美范畴的差异性,更毋宁来解释"生态美"的概念了,换个角度,而如果将人化身为实实在在的肉体与自然接触,则在传统美学看来其只是动物性的灵长类哺乳动物在生态系统中的生息繁衍,根本无所谓精神层面上的审美发生。这就是生态审美之中自然性与审美性的矛盾、主体的精神性与肉身性的矛盾。

---

① 曾繁仁:《生态美学基本问题研究》,第112页。
② 杨辛、甘霖:《美学原理》,北京大学出版社2010年版,第1201页。

　　这就是梅洛-庞蒂所思考的事情。他对自笛卡尔以来的身心二元分离的观念作出了自己的批判，并提出了"身体—主体"（Body-Subject）这一概念，以强调我们的身心之间的统一性。通过对手的触摸，梅洛-庞蒂描述了这种身体与主体之间的同一性：通过一只手触摸另一只手，"我能把被触摸的手当作随即就能主动触摸的同一只手——对我的左手来说，我的右手是一团骨骼和肌肉，我在这团骨肉中立即猜到我为探索物体而伸向物体的另一只灵活的、活生生的右手的外形或肉身。身体行使认识功能时从外部世界领会自身，它试图在主动触摸时被触摸，它开始进行一种反思，这足以使身体和物体区分开来"①。在其看来，身体乃是一种特殊的存在：其既是触摸者又是被触摸物，既是主动的又是被动的，既是主体又是客体，此乃是身体的"可逆性"或"暧昧性"。"身体的存在既不是一个纯粹的生理事实，也不是纯粹自我或透明的意识，而是一种第三类型的存在，这种存在的本质特征是暧昧性，是介于身体——主体与世界之间的一种辩证的相互作用和交流关系下的存在。"②对此，梅洛-庞蒂运用了一个病理学的临床实例证明了这种身体与主体之间的统一性。在《知觉现象学》一书中，他讲述了施耐德的病例。施耐德是一个在一次战斗中被弹片击伤了大脑枕叶的病人，受伤后他能够顺利地在具体情境中进行具有具体意义的身体运动，一旦涉及超越具体情境之外的抽象运动，他就不能做出行动了。比如，当一只蚊子叮咬他的鼻子时，他能够自然而然地挥手赶走蚊子，但如果其他人让他用手指出自己的鼻子的位置时，他却不能做到。只有当他先用手触摸到鼻子后，他才能指出它。从施耐德的病例中我们能看出，施耐德显然具有身体运动的能力，也具有思维意识，但是他却因为脑部受损而割裂了其身体与意识之间的联系，造成了他的身体与意识不能协调运作的局面。从病理的人逆向推理健康的人的状况，梅洛-庞蒂认为人的意识与身体从来不是割裂的二元而是统一的整体。他说："每一个运动既是运动，也是对运动的意识。"③我们的身心从来都不像笛卡尔所说的那样是相互割裂而由松果腺联系在一起的。任何一个正常的身体都是一个身心统一的"身体—主体"。

　　"当生态思想强调人与自然的一体性的时候，就不是把身体当作物质实体

① ［法］莫里斯·梅洛-庞蒂：《知觉现象学》，姜志辉译，第129～130页。
② 朱立元主编：《西方美学思想史》下卷，第1367页。
③ ［法］莫里斯·梅洛-庞蒂：《知觉现象学》，姜志辉译，第150页。

而重蹈二元论的覆辙,而是把包括人在内的整个生态系统当成了一个生命有机体。这种有机体既不是纯粹的物质,也不是纯粹的精神,而是一种有灵性的物。"①从生态存在论的角度出发,这意味着,我们在大自然之中存在,既不是一种完全动物性的生存,也不是一种精神性的对自然的"凝神静观"。我们是以身心合一的方式参与到对自然环境的身体感知当中去的。正如梅洛-庞蒂所言:"重新将我的探索的诸环节、事物的诸方面联系起来,以及将两个系列彼此联系起来的意向性,既不是精神主体的连接活动,也不是对象的各种纯粹联系,而是我作为一个肉身(subject charnel)实现的从一个运动阶段到另一个运动阶段的转换,这在原则上于我始终是可能的,因为我是这一有知觉、有运动的动物(这被称为身体)。"②"身体—主体"的合一性不仅将主体的灵与肉统一在一个"身体"当中,而且这种作为肉身的物质存在的"身体—主体"还将人与世界联系在了一起。因此,生态自然的审美性与自然性的矛盾也就在身心合一的身体感知前提下被无形地消解掉了。因为"身体—主体"不单纯是生理性的动物化存在,亦不纯粹是精神性的主观意识化的存在。正如爱尔兰现象学家莫兰所言:"'身体—主体'概念不可能经由科学达到,它更像是海德格尔常常说的'此在'的一种特殊规定……身体以一定的方式对我们揭示着世界。它是我们对客体进行经验,我们与世界沟通方法之可能性的先验性条件。"③

（3）身体感知的意向性

作为"身体"与"主体"统一的"身体"概念之所以能把精神与肉体、主体与个体、个人与世界联系在一起,是因为梅洛-庞蒂创造性地把胡塞尔关于意识的意向性理论改造成了关于身体的意向性理论。从布伦塔诺的"描述心理学"获得灵感,胡塞尔在《逻辑研究》中提出了"意识的意向性"观点。意向性学说宣布了一切意识行为都指向某种对象。意识在本质上是关于某事物或其他事物的意识,并不存在一个"空"的意识。意识所具有的这种意向性特征就可以把认识论哲学中主客对立的二元联系在一起了。因为"意向是任何一种活动的这样一种特征,它不仅使活动指向对象,而且还(a)用将一个丰满的对象呈现给我们意识的方式解释预先给予的材料,(b)确立数个意向活动相关物的同一性,

---

① 曾繁仁:《生态美学基本问题研究》,第 150 页。
② ［法］莫里斯·梅洛-庞蒂:《哲学赞词》,杨大春译,第 151 页。
③ ［爱尔兰］德尔默·莫兰:《现象学:一步历史的和批评的导论》,李幼燕译,第 461 页。

(c)把意向的直观充实的各个不同阶段连接起来,(d)构成被意指的对象。"①这种意向性的活动意味着我们的意识不再像康德哲学所言的那样,永远达不到对"物自体"的认识。事实上,主体与客体是完全可以通过这种意向性达到一种本质上的沟通的。梅洛-庞蒂正是顺着胡塞尔的思想,对这种意向性作出了自己的解读:他从根本上否定了胡塞尔与萨特的纯粹意识概念,把意识的意向性改造为身体的意向性。在胡塞尔看来,意向性既不存在与主体之内,也不存在与客体之中,而是一个具象化的主客体关系本身,这里的主体指的是"纯粹意识",而客体则是被悬搁之后事物的本身。而"梅洛-庞蒂的最终目的是要获得一种'扩展了的'意向性概念,它不仅适用于我们的意识活动,并且构成我们对世界的全部关系以及我们对他人的'行为'的基础"②。这种意向性就是其所言的"身体意向性"或"运动意向性"。通过病理案例的分析(如施耐德的"幻肢"现象),梅洛-庞蒂认为我们的身体感觉具有的意向性,使得任何一种感官总是指向外界事物的,不存在空的感觉。"我们明地把运动技能理解为最初的意向性。意识最初并不是'我思……'而是'我能……'"③身体对事物的感知在先,意识对世界的认识在后,"意识是通过身体以物体的方式的存在。"④这不仅体现在身体现象学理论中的逻辑之中,还表现在发生学的时间顺序之中。这点从生物学中就能得到例证:因为人仍然是一种动物,而所有动物的感官都不是凭空出现的,这些感官是动物长期使用其感知周边环境以适应生存而经过长期的自然选择所剩余的。感官是动物得以生存的必要条件。因此不存在无用、因某一环境刺激反应的感官(即使是像阑尾一样在现在看来"无用"的器官也必定在漫长的人类进化史的某一时间段中承担着某项生理功能),身体自始至终是向自然开放适应环境的一种存在。

但是,在梅洛-庞蒂看来我们人类的感觉又不是纯粹的刺激—反应行为,我们的感觉与知觉不是截然分开的两种心理过程,而是浑然一体的。我们并不是通过所谓的"先验自我"达到与客观世界的一种原初的沟通,而是通过一个人的身体达到"在世界之中"(Being-In-The-World)。"身体是我们拥有一个世界的

---

① [美]施皮格伯格:《现象学运动》,王炳文、张金言译,第155页。
② [美]施皮格伯格:《现象学运动》,王炳文、张金言译,第732~733页。
③ [法]莫里斯·梅洛-庞蒂:《知觉现象学》,姜志辉译,第183页。
④ [法]莫里斯·梅洛-庞蒂:《知觉现象学》,姜志辉译,第183~184页。

一般方式,有时身体仅局限于保存生命所必需的行为,反过来说,它在我们周围规定了一个生物世界;有时,身体利用这些最初的行为,经过行为的本义到达行为的转义,并通过行为来表示新的意义的核心。"①即身体只是一种进入世界、进入物体的原初方式,在其构建的基础之上仍有意识的世界、文化的世界等。从身体的意向性来看待人与自然的关系不意味着把人还原为一种动物性、生理性的存在,而是要透过后来的关于自然的科学认知(特别是悬搁机械论自然观对人与自然的看法)重新找到人与自然物工共在的原初关系。身体所具有的意向性的特点,意味着身体与世界是不可分离的,"我们是贯穿的与世界的关系"。在生态审美经验中这意味着:当我们处于一个特定的自然环境中时,我们的身体无时无刻不在意向性地对周边环境进行着感知与把握。即使是像呼吸空气这么自然而然的行为,也是身体对氧气的一种意向性的感知。只不过在平时的情况下,这种感知是"前意识"的,不被我们所察觉罢了。但是,如果我们处于一种雾霾的天气下进行呼吸,身体对空气的感知立即就会进入到我们的意识当中。这是因为呼吸的不适感(一种内感觉)引起了我们的意识对身体意向性感知氧气的一种注意:我们的意识会主动自觉地注意作为我们"身体"一部分的鼻子对带有悬浮颗粒的空气的呼吸。同理,如果我们处于一片郁郁葱葱的森林中时,我们也同样在用身体对空气进行着意向性的感知,并且这样的感知会被我们的意识注意到并得出"这里的空气真新鲜"这样的结论,而且也会获得一种身心舒畅的愉悦感。要而言之,身体的意向性联结"我"与自然,使"我"与"世界"共在。通过身体的中介,"我"不再是一个精神的自我,"世界"也不再是一个机械的为"我"所用的客体,"世界"乃是"我"的肉身化存在的根基。故而从身体现象学的角度来看,是世界塑造了"我"的身体、塑造了我"我"的意识。在"世界之中"的"我"首先通过身体对自然的感知而"存在",在这之中形成对自己身体的觉察(无论这种觉察是神秘化的、机械唯物化的或是系统有机化的)。"我的可见的、像事物一样可触及的身体,造就了自己看自己,自己与自己接触,在这种观看和接触中,它以这样的方式分身、重合以至于客观的身体和现象的身体相互缠绕,或者相互侵越。"②通过对自己身体的使用以方便与自然事物"打

---

① [法]莫里斯·梅洛-庞蒂:《知觉现象学》,姜志辉译,第 194 页。
② [法]莫里斯·梅洛-庞蒂:《可见的与不可见的》,罗国祥译,第 146 页。

交道",人与自然的关系消除了生物性生存的对立紧张,人对自然的认识也伴随着这种"在世之在"的关系而涌现出来。这正是梅洛-庞蒂所说的"把握这些东西的人感到自己是通过某种与这些东西完全同质的缠绕和重复而从它们那里涌现出来的"①。莫兰认为梅洛-庞蒂的哲学观可看作是一种"辩证自然主义"。说其是辩证的,是因为他把人的存在看作"被结合到自然秩序之内"②。从这种辩证自然主义出发,身体的意向性在生态审美经验中就联系了作为审美主体的"我"的身体与作为审美客体的自然环境,使二者的发生审美联系成为了可能。这种体验,既非上古时期在泛灵论原始宗教观驱使下人对某种自然神秘莫测的敬畏之情,也非工业时代在机械论唯物主义思想下人对自然的利用与被利用的冷漠之情,而是在生态文明时代在崭新的生态存在论审美观下人对自然的亲和与向往之情。从身体维度对生态环境进行感知体验是对动物性的感官体验以及功利性的工具理性认知的一种超越,其在肉身感知中又包含着对自然的意识层面的认知理解,在对世界的自然主义体验之中又包含着对人类文化世界的建构,是一螺旋式上升的哲学方法论与世界观,也是我构建生态审美经验的重要理论基点。

2. 身体—环境互动所形成的现象场

在具体分析完"身体感知"的三个特征后,现在让我们来看看身体感知作为一个完整的经验究竟是如何在生态审美中发挥作用的。审美经验作为一种体验,是主体心理精神与审美对象间相互作用的结果,从发生过程角度讲应是一个圆融,是完整的一个过程,而不应被认为割裂为若干步骤。但为了方便描述这种奇妙的心理体验,无论是从哲学还是心理学的角度出发进行研究都需要控制变量,将现象中最突出的特征提取出来而逐一分析。故而下面对生态审美体验的描述也不能例外,但我们应时刻注意生态审美经验乃是一个整体性的对自然的领悟,其实际的生发过程不存在若干个步骤而是圆融的一个经验。如同海德格尔认为对"存在"的理解不能借用传统形而上学的语言与思维一样,生态审美经验也只有在存在论的哲学基础上才能被理解和阐释。但无论如何,海德格

---

① [法]莫里斯·梅洛-庞蒂:《可见的与不可见的》,罗国祥译,第141~142页。
② [爱尔兰]德尔默·莫兰:《现象学:一步历史的和批评的导论》,李幼燕译,第441页。

尔还是用传统的语言写了《存在与时间》这样的巨著以说明"存在",因此我们也可以借用认识论的思维方式去厘清生态审美经验的具体生发过程。从认识论的角度来看,在任何一种审美经验中,都包含了以下三个要素,即审美主体、审美客体以及联系主客体的一种关系。从这个模式出发,我们将分别对生态审美经验中的审美主体、审美客体以及审美关系的形成作一描述说明。

主体是我们当中的每一个个人,这个人不是抽象意义上的"全部社会关系的总和",他(她)就是一个活生生的人。而在生态审美经验当中,作为审美主体的"我"是通过我的身体去感知自然环境的。在这里我的身体就是具有上节所分析的三个特征的"身体"。我的身体是身心合一的"身体—主体",它是以视觉、听觉、触觉、嗅觉甚至味觉综合性地参与到对周边自然环境的意向性感知中去的。"此在"的"在世"是以身体为基础展开的,身体通过运动开拓的意向空间与世界彼此开放,在知觉现象学看来,这即是"身体图式"的作用。"图式的概念来自于康德对主体知性与感性协调沟通的设想,在先验知性范畴与感性直观之间还作为主体认识客体的一个中介,它一方面必须与范畴统治,另一方面与现象同质,并使前者应用于后者之上成为可能。"①这种中介的表象必须是纯粹的(没有任何经验的东西),但却一方面是知性的,另一方面是感性的。在康德看来,图式是作为解决主体认识能力(先验抽象的)与物自体界的现象(具体感性的)之间的联系而存在的,其乃是从认识论上沟通主体与现象界的桥梁。"身体图式"继承了"图式"将主客体合一的尝试,却扬弃了康德在知性与感性割裂的前提下提出"补救性"概念的做法。从存在论出发,"我"与世界(主体与物自体)本身就不是割裂的二极,"我"对世界的体验(感性),"我"对世界的认知(知性)都建立在这种存在之上。而"身体图式是一种表示我的身体在世界上存在的方式。"②"身体图式既不是存在者的身体各部分的单纯移印,也不是对存在者的身体各部分的整体意识……身体图式是动力的。在确切的意义上,这个术语表示我的身体,为了某个实际的或可能的任务而向我呈现的姿态。"③身体以运动的机能向外界延伸,在这种"寓于空间和时间"的接触中,身体意向性地达到了与其紧密相连的世界。"身体是在世界上存在的媒介物,拥有一个身体,对

---

① [德]康德:《纯粹理性批判》,邓晓芒译,人民出版社2004年版,第139页。
② [法]莫里斯·梅洛-庞蒂:《知觉现象学》,姜志辉译,第138页。
③ [法]莫里斯·梅洛-庞蒂:《知觉现象学》,姜志辉译,第137页。

一个事物来说就是介入一个确定的环境,参与某些计划和继续置身于其中。"①
在自然环境中"身体图式"是"身体—主体"针对具体的环境因素而应对自然的
一种有机统一的反应模式,故而身体状况的不同与自然环境的不同会产生不同
状态下"此在"的"在世之在"。"由是,身躯(身体图式)的开展也就充满独特的
个性,这为身体在环境中感受美提供了无限的可能性。"②

我们的"身体图式"的特点决定了我们对客体的感知不能脱离具体的环境
背景,任何一个被知觉物都只有在某个背景中才能向我们显现出来。正是身体
的存在方式决定了我们对事物的知觉必然采取"形象—背景"(figure-back-
ground)的结构,即事物的形象总是在一定的背景或视域(horizon)之中构成。这
就是"身体—物体—背景"所构成的"现象场","每一种感觉都属于一个场"。
梅洛-庞蒂虽未对"现象场"作进一步的定义,但他以"视觉场"为例解释到:我通
过目光看见某物,对我而言视觉始终是有限的,我只能在某一个瞬间观察到该
物体的一面;而对物体而言,无论我怎样变换着观看,也总存在某个被隐藏甚至
是看不见的部分在我的视界的人。可以看出梅洛-庞蒂的"现象场"是受胡塞尔
"视域"概念启发而提出的。在胡塞尔看来,每一个"我思"都有其视域,意向性
关系中的客体对象不是一个封闭的、完全确定的被经验对象,而是作为某个处
在联系之中、作为在环境之中和出于环境的构成而被我感知到,"视域就是在先
标示出的潜能性"。如果将"先验自我"换为"身体—主体",把意识的意向性改
造为身体知觉的意向性,那么我们的"身体—主体"、环境中的某自然物以及具
体的环境背景实际上就构成了一个身体—环境互动的整体,梅洛·庞蒂将其称
为"现象场"或"知觉场""呈现场"等。"承担某一视点的主体,是作为知觉与实
践场的我的身体,是具有某种所及范围的我的动作,它将所有我熟悉的物体划
入我的领域。知觉在这里是作为对某个整体的指涉来理解的,该整体原则上只
能通过它的某些部分或某些方面来把握。被知觉物不是一个如几何学概念一
样可被智性占有的观念的统一体,它是一个整体,向着无数视角组成的境域开
放,这些视角对应着某种风格,某种给相关无定义的风格。"③在生态体验中,在
知觉所触觉之处,身体作为一个动态结构扩展出一个属于当下环境的现象场。

---

① [法]莫里斯·梅洛-庞蒂:《知觉现象学》,姜志辉译,第116页。
② 刘彦顺:《身体快感与生态审美哲学的逻辑起点》,《天津社会科学》2008年第3期。
③ [法]莫里斯·梅洛-庞蒂:《知觉的首要地位及其哲学结论》,王东亮译,第12页。

这种身体—环境互动所形成的现象场由感知的意向关系联结。"意向性不是来自一个中心的我,而是来自后面拖着它的保持界域,前面被它的向将来的延伸拉着的我的知觉场本身。"①"在生态环境中,我们借由身体而知道世界;用身体的知觉唤起原初对世界的体验,包括对于环境的审美体验。"②生态审美经验的发生正是起始于这个我们的"身体—主体"意向性地感知周围自然环境中的自然物所形成的现象场中。

　　以上是对生态审美经验中审美主体与审美关系的勾勒,审美主体即是我们的"身体—主体",其通过意向性的感知与所处环境在一个现象场中发生审美关系。但仍有一个问题没有得到说明,即生态审美经验中审美客体是什么,这涉及生态美学的学科研究对象问题——生态美学的审美客体何以与环境美学、自然美学中的审美客体加以区分。无论是"生态美学"学科概念的最早提出者李欣复教授,或是出版国内第一部系统论述生态美学专著的徐恒醇研究员,或是提出"生态存在论审美观"而在该学科中执牛耳的曾繁仁教授,他们都赞成生态美学的研究对象应是作为生态系统或地球生态圈的审美特征而非对某一特定自然环境的体验(区别于环境美学),其所采取的视野应是普遍联系的、有机系统的(区别于自然美学),与此同时其也不是运用生态哲学的观点去重新审视解读文艺作品(区别于生态文艺学)。但从具体的审美经验来讲,对生态系统的把握首先是属于作为科学的生态学的认知领域,虽然我们早已有了将大自然视为非机械化的有机观点,但是也知道19世纪中叶,我们才真正有了对大自然中处于普遍联系的动植物间关系的科学化认知。而与其矛盾的是,审美经验(包括生态审美经验)作为一种感性学的美学,其所涉及的对象必须是可以被感性把握的具体对象,无论怎样抽象的美学哲学体系都离不开这种感性体验的支撑。故而在生态审美中,先抛开一切复杂的美学理论与科学认知,我们的身体感知的审美客体也不是作为一般抽象的生态系统或生态圈,而是具体环境中的某一可以被感知的因素,如一片森林中的虫鸣、鸟叫、斑驳的阳关、林间的微风等。这些可被感知的因素,从生态学的角度,我们可以统称它们为"生态因子"(ecological factor)。它是指"环境中对生物的生长、发育、生殖、行为和分布有直接或

---

① ［法］莫里斯·梅洛-庞蒂:《知觉现象学》,姜志辉译,第521页。
② 刘彦顺:《身体快感与生态审美哲学的逻辑起点》,《天津社会科学》2008年第3期。

间接影响的环境因素,如光照、温度、湿度、气体、食物及其他生物等"①。这些生态因子可以作为我们身体所感知的能引起我们愉悦感的周边生态环境中的可感因素。但值得注意的是,这种建立在这种基础上的感知并非能直接导致一种身心愉悦的快感的产生,对某些生态因子的身体感知(如触摸一条毛毛虫)在传统审美经验看来甚至是非审美的,而且即使周围环境使我们获得了愉悦的体验,在传统审美经验看来其也只是一种生理上的快感而非纯粹的审美体验。之所以身体对生态因子的感知存在这种非审美的和生理化的体验,是因为我们仍在用一种传统思维方式考察全新的生态审美体验,而只有将这些体验纳入到一种部分与整体、差异与同一的生态思维中,我们才能真正由身体感知快适上升到生态审美的生发。对此,我们将在下一章节集中论述主体对这种感知体验的加工过程。但有了这些概念,我们就可以说生态审美经验中的审美客体虽不是某一具象的自然事物,但身体对这些生态因子的感知却构成了生态美感发生的物质基础。

在身体—环境互动形成的现象场中,"我"是一个感官的联合,身心合一的"身体—主体",我通过身体的意向性再去与具体环境中的生态因子产生联系。而某一生态因子也不是一静止、割裂的认知元素,乃是一现象经验而对我以不同的侧面开放。例如,面对一支玫瑰花,我们可以去观赏它鲜艳的颜色,也可以闻嗅它的芬芳,也可以触碰它带刺的枝茎等。但是无论怎样变换维度,我们在此时此刻都只能从某一个特定的视角去感知它,但是作为一枝生长在泥土里的植物,这朵玫瑰却是一个统一的整体。我们在以不同的角度去感知它,它也在这些不同的视野所构成的现象场中以不同的姿态向我们呈现出来。作为同一性的玫瑰花被我们所感知的是它的不同侧面、视角和外形,它通过这些侧面、视角与外形向我们呈现自身。但是玫瑰花却又不是这些不同侧面、视角和外形的简单的"排列组合"。就如"盲人摸象"故事中,盲人心中的"象"与真正的象所变现出来的是大象被感知的多样性与其自身的同一性的一种统一。在生态审美经验中"身体—物体—背景"的体验方式意味着:我们总是以不同的方式感知周围的自然环境,因而形成了许许多多不同的现象场,正是这些现象场构成了我们的生态体验(美好的或糟糕的)的基础。例如,面对同一个西湖,我们可以

---

① 林育真、付荣恕:《生态学》,科学出版社2011年版,第12页。

拥有无数个不同视角去感受它，比如小雨霏霏中的西湖、大雪初霁的西湖、人山人海的十一黄金周的西湖、深夜月下的西湖、苏轼词下的西湖、电视剧中的西湖等等。我们每一次对西湖的感知都会形成一个联系了我与西湖的现象场，我们通过这些现象场体验到了西湖的不同维度的美。就像李白所说的"横看成岭侧成峰，远近高低各不同"。这里的不同正是因为我们身体对环境感知的多样性而造成的。但是无论西湖也罢，庐山也罢，在这个世界上都是唯一的，无论我们怎样变换视角去感知它，它都是作为一种同一性的存在而在那里。我们"身体—主体"对环境的多样性的感知与环境本身具有的同一性之间的张力，正是我们对周围自然环境产生愉悦感的来源。

第四节　身体感知的案例分析

下面我们通过具体的案例分析来说明身体感知在生态审美经验中的首要地位。以身体为起点构建生态审美经验与以视听为起点构建自然审美经验的一个最主要区别是参与感，前者是行动的、无距离的，而后者则是静观的、有距离的。从这个角度而言，"生态旅游与传统的风景旅游有着根本的区别：风景旅游实际上是一种变相的艺术欣赏，它总是选取那些像艺术品一样富有秩序的和形式感的自然景物，也就是所谓'如画'的风景，而欣赏的过程也仿佛艺术鉴赏一样，通过设置固定的观景台，把景物置于一定视角之中，从而成为一幅被框定的'画面'。生态旅游则不同，它所关注的总是那些具有丰富、多样、独特的生态资源的风景，让旅游者置身其中，与生态系统中的各种动植物、山川、水流亲密接触，互相交流，而不是把景物当作端详、把玩的对象"[①]。在生态审美中，审美主体是身心、五感合一的"身体—主体"，审美客体也并非是某一孤立自在的自然风景而是处于普遍联性的生态整体，它们之间的审美关系也非主客二分、超功利无利害的静观，而是存在论模式下人与自然合为一体时人对良性生态环境的向往模式。正如美国环境美学倡导者柏林特所言："任何模式的价值在于其解释和说明的力量。如果把环境的审美体验作为标准，我们就会舍弃无利害的

---

① 曾繁仁：《生态美学基本问题研究》，第149页。

美学观而支持一种参与的美学模式。"①身体对自然环境的感知正是这样一种模式的参与美学。当今流行于欧美发达国家的"森林浴"(Green Shower)可以很好地说明身体对自然的感知而产生的身心愉悦的体验。因为森林浴所倡导的就是人的身体参与到自然环境中的一种体验。

所谓的"森林浴"乃是"人们沉浸在森林空气环境中进行的一种游憩活动,主要通过肺部吸收森林植物散发出来的具有药理效果的植物精气和森林空气中浓度较高的空气负离子,达到改善身体状态的一种养生保健活动"②。在森林浴的体验中,我们靠的不仅仅是听和看,更重要的是通过全部感官的综合性参与来进行"沐浴"的。在森林中,我们的眼睛看到的是透过树叶投射下来的斑驳的阳光,混交林中树木交替所呈现的深浅不一的绿;我们的耳朵听到的是树枝上的蝉鸣与鸟叫;我们的鼻子闻到的是冷杉、侧柏所散发出来的松脂的香味;而我们的皮肤则感受到的是树荫下的阴凉以及负离子所带来的畅快感。这些对森林环境的综合体验、所有的这些感受都是当我们一踏入森林就"扑面"向我们的身体呈现出来的。即使我们的意识在同一时间只能注意到其中的某一种感受,但它们无疑也是通过我们身体感官而综合地为我们所体验到的。对此,柏林特认为:"比其他的情景更为强烈的是,通过身体与'场所'(place)的互相渗透,我们成为了环境的一部分,环境经验使用了整个的人类感觉系统。"③在这种体验中,无论人们或走或坐,或运动或休憩,或观察自然或闭目养眼,其重点都在于享受一种参与性,其与远距离的欣赏美景不同,是一种自我与自然交融为一体的愉悦感受。

而更重要的是,森林浴的益处不仅是给予我们生理上的舒适感,而且还让我们的心理得到了缓解与放松。试想夏日炎炎下,我们身处于一个开了空调的室内与我们身处于一片森林当中相比较,我们的身心感受是有明显区别的。哪怕我们将空调调到16℃,我们的身体虽然获得了适宜温度的体验,但是我们的心理上却常常仍然有一种躁动的情绪。但当我们在森林中时(或许林荫中的温

---

① [美]阿诺德·柏林特:《环境美学》,张敏、周雨译,第142页。

② 肖光明、吴楚材:《我国森林浴的旅游开发利用研究》,《北京第二外国语学院学报》2008年第3期。

③ [美]阿诺德·柏林特:《环境与艺术:环境美学的多维视角》,刘悦笛等译,重庆出版社2006年版,第8页。

度还高于室温），我们的身心则会感到舒适与凉爽，而这种体验绝不是人工所能模拟出来的。① 这即是森林浴具有纳凉避暑、调整呼吸韵律以及净化心灵的多重效用，这种心理与生理愉悦体验的合一性，正是我们所说的身体感知自然环境的特征之一。

我们身体对森林中的这些诸如阳光、空气、温度、泥土、树木、花草、鸟兽等等"生态因子"的感知，连同整个的森林背景形成了"我—森林"的现象场。我对森林中的某一具体事物的感知都会形成这样的一种附带背景的视域共存。如前所说，我们的意识在同一时间内只能注意到一种被感知物。例如，在当下的此时此刻，我注意到的是我脚下踩着的松软湿润的泥土，而我前一秒的意识却停留在一只趴在树枝上鸣叫的知了上，或许在后一秒我又会将注意力转移到在两棵树之间的吊床上躺着的小孩的身上。我不断地变换着角度对着这片森林中的不同的事物进行着感知，因此形成了许许多多不同维度的关于"我—森林"现象场的不同体验，而我的意识也在不断地注意到这片森林作为一个整体之下的各个不同的要素。我在森林中待的时间越长，我的身体就对这片森林感知得越多，而我的意识也就对这片森林的整体性的描绘越加丰富完善，自然地，我所获得的关于这片森林的美好体验也就越来越立体。正如同梭罗在瓦尔登湖的长期遗世独立般的感知体验才铸就了"生态诗学"的伟大篇章一样，我们越是对自然环境进行长期的体验性的身体感知，我们进入到自然环境中的生态审美体验也就越强烈、越丰富、越立体。

通过上述分析，我们可以看出这种由"身体—主体"意向性的感知周围自然环境中的"生态因子"所带给我们的愉悦体验。这虽然说明了生态审美经验生发的逻辑起点，但在严格意义上说还很难被称为美感。充其量这种体验也只能被称作我们在感受良好的生态自然环境之后所产生的身心愉悦的快感，还不是突出形式高于内容的美感，更不是对生态系统整体把握领略的生态美感。正如柏林特所言："简单地说，理解环境是对环境进行审美体验的前提，但单靠这种理解本身还不足以实现审美。"②但是，"环境感知最简单的形式仅仅是感觉，却是其他一切意识产生的先决条件"，我们从身体对环境的感知出发可以走

---

① 现在的空调、电风扇等商品常常打出"自然风""森林风"的宣传口号，无疑就是以人们对自然性的凉爽的向往作为卖点的。

② ［美］阿诺德·柏林特：《环境美学》，张敏、周雨译，第16页。

到多个目标之上,如生态田野调查、生态旅游开发等等。同样地,我们也可以从这种对自然环境的感知走向审美(但感知之后还需要主体对这种感知进一步"深加工")。我们也将在后面的章节中继续论述由身体对自然环境的感知体验所产生的身心快感上升至主体对生态有机系统的审美领悟的审美加工过程。

第四章
审美直观在生态审美经验中的过渡作用

如前所述,生态美学与环境美学或自然美学不同的是,它不是静止、孤立地去看待自然中的某个景观,而是将该自然景观放在一个普遍联系的有机系统之中,置于一个宏观的生态圈背景之下加以考量。传统的自然美学以及环境美学对自然景色的欣赏,是从形式美学出发考虑自然景观的形式作为审美对象而形成的审美经验,其缺乏对大自然实际内容的思考,因而审美关注大多仍停留在对自然景物的形式、比例、对称与和谐的考量上。这实际上还是黑格尔美学传统抬升艺术而贬低自然,将对自然的审美体验比附于艺术审美体验的"风景如画论"。实践美学一反常态,将自然美的重要性排在艺术美之前,认为其是随着人的实践活动改造自然而使"外在自然的人化"而产生的,但其仍是从人与自然的劳动关系(制造工具劳动与被改造、被利用的关系)以及人类的主体性着手进行阐释的,其实质还是一种以"人类中心主义"为价值取向,割裂审美主客体的认识论美学。而生态美学则是坚持"生态整体主义",主张弥合审美主客体二元割裂的参与美学,它用一种整体性观念将自然事物置放于生态圈的宏观背景下考量自然审美的发生过程。这意味着,在传统自然美学或者环境美学中,一个景观作为一个审美的存在可以是独立的存在,其只与审美主体直接产生一种审美关系,作为一个审美客体的自然景物乃是一被动的存在,当主体对它进行观照时,它才作为审美客体而存在,"汝未看此花时,此花与汝心同归于寂"。

而在生态审美中,事物都是互相联系的,是处于生态系统中的有机生态因子,只有将每个生态因子置于这个宏观整体性的生态世界之下,事物才能显现出它的"生态美"的意味。如大卫·格里芬所言:"生态科学及一种实在观,它与从现代科学中阐发出来的毫无生机的异化的形象截然不同……世界是一个有机体和密切相互作用的、永无止境的复杂的网络,在每一个系统中,较小的部分(它们远不能提供所有的解释)只有置身于它们发挥作用的较大的统一体中才是清醒明了的。"[①]生态审美需要从个别具体的感知物出发上升到对宏观整体性的"观照",这是生态审美经验发生的一个逻辑顺序;与此同时,也只有在这种生态宏观背景之下对自然景观的考量才能使我们关于自然的经验由一种身体快感或传统意义上的"自然美感"上升成为一种"生态美感"。这是生态审美经验与传统审美经验的一个重要区别。我们通过身体感知具体自然环境中的生态因子而建立了一个包含着自身与环境的现象场,这是构成对自然环境进行具身化体验的参与美学,但其还没有构成对生态美学中的审美客体(生态系统)的审美体验。而在现象学中则认为我们主体可以通过感知和想象的方式,将对个别事物的"感性直观"上升至对普遍观念的"本质直观"。以身体感知环境而形成的自然场域为基点,之后通过主体的想象能力作为中介勾连起当下自然场域与其他自然场域的互相关联性,最终使我们的意识通过对这些不同的自然场域的超越与上升,发现了一个整体性的生态世界的存在。这样的一个体验过程实际上就是生态审美经验中的审美直观的过程。

第一节　生态美学中内在性与超越性的悖论

在《知觉的首要地位及其哲学结论》一书的开头,梅洛-庞蒂就言明了在知觉中有一个内在性与超越性的悖论——"内在性说的是被知觉物不可外在于知

---

① 〔美〕大卫·雷·格里芬:《后现代科学》,马季方译,中央编译出版社1998年版,第75页。

觉者;超越性说的是被知觉物总含有一些超出目前已知范围的东西。"①身体感知总是一个具身化的"我"对周遭事物的感知,所有的经验都是内在于我们的感知之内的。"存在即是被感知",这句贝克莱的名言在我们看来不是说事物的客观存在是否依赖于主体的意识;而是说任何事物如果要被当成人的审美经验中的审美客体,就首先应该内在于人的感知之下。在生态审美中,我们对自然景观的感知也总是在当下的一个自然场域中进行的。我们身处于这个现象场之中时,我们的身体是从不同维度、不同侧面对某一自然事物进行着感知的,因此自然事物总是内在于我们的身体感知之中。

　　但是另一方面,如康德所言:"自然界有如此多种多样的形式,仿佛是对于普遍先验的自然概念的如此多的变相,这些变相通过纯粹知性先天给予的那些规律并未得到规定。"②人类的知性认识能力对事物的认知是不能涉及林林总总的各事物的方方面面的,自然界总有外在于主体把握能力之外的存在。在自然界中,即使是单一事物也总是在不同侧面、不同维度的丰富集合中在某一瞬间向主体呈现出其某一侧面、维度,而更不要说所有有机物在地球生态圈中都处在一种普遍联系之下的情况了。因此,在特定的时空中,作为主体的"我"是无法完全感知并认识关于自然事物的方方面面的,这就是事物超越于我们身体感知的另一面。在生态审美中,这种内在性与超越性体现在:我们的身体总是对具体的自然环境的意向性感知。在这种感知之下,人所处的特定的生态空间是一个包含了人与环境的具体的场所。我们可以不停地变换方式去体验这一自然场域,但是在这些不同的场域之外还有一个作为多样性空间构架之上的同一性的生态圈——所有的自然景物、我们所处的不同的现象场都只是这个大的生态圈的一个有机组成部分,其超越于我们对具体环境的感知之外。我们在欣赏自然美景时一般只是在体验生态圈的每一个侧面与不同部分,其构成了一种对"自然美"或"环境美"的体验,但是在这些多样性景观之上的那个具有统摄这些景观的整体性的生态圈却是超越于我们的感知之外的。而生态美学则研究的是关于生态系统的审美,这就是生态美学中内在性与超越性的悖论。

---

① ［法］莫里斯·梅洛-庞蒂:《知觉的首要地位及其哲学结论》,王东亮译,第13页。
② ［德］康德:《判断力批判》,邓晓芒译,第14页。

1. 梅洛-庞蒂的"肉"的解决方案及其断裂性

对于身体与世界的联系,梅洛-庞蒂在《知觉现象学》中认为,世界的统一性是一种风格,而这种风格是通过我们的知觉所把握的。"世界的统一性是由我们的知觉信念所产生的,但这种统一性反过来也反映了我们自身的统一性,我们与世界之关系的统一性。"①通过身体感知的意向性活动而将主体与世界联系在一起,在其看来,这是一个不证自明的事实,即作为一个身心健全的人(与施耐德这样的病人不同)的"我"总是感知、体验般活于世;转而追问人为何"在世存在","对这个问题的回答原则上是我们所不能及的,因为我们处在我们的心理生理结构中,这个结构如同我们的脸的形状或我们的牙齿的数目,是一个单纯的事实"②。而如果还要追问人为何如此这般存在就不是存在主义(或存在论)的思考范围,其属于人类发生学所研究的领域了。因此,人以肉身在世界中生活是一个不可再向前溯源且无前提的大前提,其构成了梅洛-庞蒂对身体与世界之关系的阐释的根基,也是他存在主义哲学思想的重要构成部分。

身体与世界之关系时"神秘的""悖谬的""含混的"(莫兰语),它们之间有一种原初的神秘和谐关系。一方面,世界随着我的身体的意向性活动而展开,"我"是世界之意义的给予者;另一方面,身体又必须依托世界的支撑而存在。因而"身体—世界"的双向互动中每一项都必须借助另一项才得以成立,"它们只是借助了一种辩证关系才统一起来,但这种统一从来就不是很成功"③。这种暧昧的辩证统一体现出的是存在意义上"在世之在"的超验性与发生论意义上身体诞生的偶然性之间的矛盾,其需要在"身体"与"世界"之外找到一个"非相对项",即一"存在场"(the Field of Being)来统摄二者。后期的梅洛-庞蒂通过方法论和研究主题的转变,从而在本体论的意义上提出了作为世界与身体之外第三项存在的"肉"的概念。"肉"(chair)乃是梅洛-庞蒂后期用来消弭身体与世界的内在性和超越性悖论的核心概念,"肉身"既非物质又非精神,它是一种新的存在类型,"是一个多孔性、蕴含性或普遍性的存在,是视域在其面前展开

---

① 张尧均:《隐喻的身体:梅洛-庞蒂身体现象学研究》,中国美术学院出版社2006年版,第41页。
② [法]莫里斯·梅洛-庞蒂:《知觉现象学》,姜志辉译,第498页。
③ 张尧均:《隐喻的身体:梅洛-庞蒂身体现象学研究》,第174页。

的存在被捕捉、被包含在自己之中的存在"①。它没有确切的定义,但可用古希腊的"元素"(水、火、土、气)来类比理解,其是一种基本的存在并由此展开了对世界(包括自然界、身体以及文化世界)的交织。"肉"自身可以分化褶皱,继而通过组织化而构织出整个世界,"这意味着,我的身体是用于世界(它是被知觉的)同样的肉身做成的,还有我的身体的肉身也为世界所分享,世界反射我的肉身,世界和我的身体的肉身相互僭越(感觉同时充满了主观性,充满了物质性),它们进入了一种相互对抗又互相融合的关系"②。这样存在论意义上的身体与世界关系的矛盾性就在本体论意义上的"肉"的概念下完成了统一,无论是世界或身体,它们都是"肉"的交织运动下的产物。"既然两者都是由同样的材料、同一种肉构成,这说明它们共属于一个单一的存在'一个单一'的整体,都是肉的一部分。肉作为身体与世界的共同基础,它是奠基着并内在地支撑着身体和世界这两个'相对项'的'非相对项',是它们得以共呈的结构源泉。"③

　　这样,身体感知的内在性与超越性的悖论问题便被转换成了"肉"的结构之下世界对身体的可见与不可见问题,人的肉身化的身体覆盖甚至包裹了所有可见的与可触之物。在此意义上世界对我来说是可见的,但作为世界本身的构成的"肉"却不是被感知而被理解的;在此意义上世界对我来说又是不可见的,"世界之肉身(质料)是我之所是的可感的存在的未分状态"④。就这样,可感之物与不可感之物交织在一起,从本体论层面将身体与世界包含在一个更高的维度之中。但是这种本体论建构能否成立,我们在这里表示怀疑。首先,由于梅洛-庞蒂英年早逝,留下的关于"世界之肉"的本体论描述只是一些未完成的手稿,因此其是否做到了从存在论到本体论那样完善平滑的过渡(就像海德格尔的"此在"向海德格尔的"Ereignis"的过渡一样)本身就是值得商榷,作为本体论的"肉"理论始终是未完成的。第二,其早期关于身体论述的专著中还未见到前后思想的区分,而是想当然地把主体意义上的身体与世界意义上的"肉"等同起来。我们认为这种做法是武断的甚至是任意的,"肉"确实可以作为联系身体与世界的内在性与超越性悖论的"终极真理",但将"肉"换成"上帝""水""气"

---

① [法]莫里斯·梅洛-庞蒂:《可见的与不可见的》,罗国祥译,第184页。
② [法]莫里斯·梅洛-庞蒂:《可见的与不可见的》,罗国祥译,第317页。
③ Gary Brent Madisom. *The Phenomenology of Merleeau-Ponty*. Ohio University Press, 1981. p. 210.
④ [法]莫里斯·梅洛-庞蒂:《可见的与不可见的》,罗国祥译,第326页。

"土""火"又何尝不可呢？最后,梅洛-庞蒂关于"肉"的建构旨在消弭精神与肉体、主体与客体、发生与存在等一系列二元对立的存在,但其始终是"模糊""暧昧"的描述,这与现象学追求事物本质向意识的明晰显现的原则也是相悖的。因此,我们虽不能说梅洛-庞蒂的后期本体论是对其之前身体现象学的背离或超越,但不能否认的是二者之间的断裂是显而易见的。综上所述,我们认为后期梅洛-庞蒂的"肉"的概念并未真正解决身体感知直接过程中所产生的内在性与超越性的矛盾,反而将自身的理论置入一个两难的境地;承认"肉"的本体性是独断的,而以身体为根基的存在论建构又是未完成的。

2. 胡塞尔对内在超越的解读

梅洛-庞蒂将胡塞尔的主体意识的意向性构造改成了关于身体感知的意向性构造,从哲学史的发展历程来看,这是顺着胡塞尔到海德格尔从先验自我到此在的认识论到存在论的转向。而从关注的对象来看,这样的发展顺序则是由主体意识到个体化的人再到具象的肉身不断深化拓展的过程。从对哲学的看法来看,胡塞尔始终将自身哲学思想置放于诸学科之首的位置并期冀通过现象学的方法重新恢复哲学作为"形而上学"的昔日荣光;海德格尔虽终生在思考"存在问题",但其对传统形而上学的批判态度以及从"此在"着手分析问题的角度已决定了其思想与传统哲学已分道扬镳,而梅洛-庞蒂则从未声称自己试图建立一种新的本体论哲学,而从其具体的论证过程来看(特别是结合现代心理学、病理学的研究方法),更是顺应了 20 世纪中叶哲学思潮由人文主义向科学主义转向的暗潮。梳理完现象学的发展历程,让我们回到生态审美经验问题上来,以身体为构建基础的审美体验最终还是要依赖意识的作用才能产生美感,因为:一方面,"身体—主体"始终是统一的整体,身体感知自然环境的快适感需要与意识统一;另一方面,审美经验总是关于心理学的体验,因而必须经过大脑的进一步加工。因此,从身体向意识的过渡便是生态审美经验的必要路径,而从学理上将意味着我们要从梅洛-庞蒂的知觉现象学回源追溯到胡塞尔的先验现象学。

在《现象学的观念》中,胡塞尔也谈到了内在与超越的问题,在传统认识论中"认识如何能够超出自身而达到在它之外的东西"是以观照、神灵凭附、顿悟、逻辑演绎还是依赖上帝是哲学家们给出的不同答案。胡塞尔认为强行把内在与超越统一起来是认识论困境产生的根本原因———一方面,他承认"内在是所有认识论的认识必不可少的特征"①,我们的认识共识对事物在时空中的感性特征的知觉,这是认识论的基础;另一方面,他却否认超越的优先性,"超越之物不能作为预先被给予的东西来运用。如果我不理解认识切中其超越之物是如何可能的,那么我也不知道,这是否可能"②。这意味着我们要将所有在直接认识之外的观念加括号悬搁起来而直接面向事物本身,无论是关于世界的"肉""盖娅""生态圈"或"上帝"的描述概括都因不是我们直接面对的认识对象而被排除在现象学研究方法之外,而始终停留在意识的"内在"之中。在这里,胡塞尔将内在的认识活动区分为"实在的(real)"内在和"实项的(reell)"内在。"实在的"内在即传统意义上客体存在,其在认识活动中作为时空中的感性对象而被给予主体。"实在的"内在是胡塞尔的独创概念,是意识的意向活动内涵的存在方式,是对感性材料的内在拥有方式,其与"意向的"(intentional)相对立,是意向构成的东西而非被意向构成的东西;"实项的"是意向活动通感觉材料的统摄,在此之上构成了意向对象。与此对应也有两种超越:胡塞尔认为像从对世界的认识上升到对世界之外上帝的认识这样的例子的超越叫作"实在的外在超越",在这种认识之中,我们超越了真实意义上的被给予之物,超越了可直接直观和把握的东西。这种超越是非明证的,不能被自身直观到。与此对应,还有一种叫作"实项的外在超越",它是对意识的实项因素(感性材料)的超越,通过这种"超越的统摄",一对杂乱的感性材料被立义为一个意识对象。传统认识论关于实在的外在超越把客体理解为意识中的观念并认为认识论的目的就在于确定这些观念如何得以超越自身的指向。而在胡塞尔看来,这种有关"心智如何超越自身获得客体知识"的问题是无意义的,"如何可能的问题(超越的认识如何可能,甚至从更普遍的意义上说,一般认识如何可能的问题)永远不可能根据关于超越之物的在先被给予的知识以及此在先被给予的命题得以解决"③。通过将"实在的外在超越"排除在现象学还原之外,胡塞尔确立了现象学对"实项的、意向的内在以及意向的、被构成的超越对象的研究领域"。面向事物本身就是面向运作内在性之内的现象本身。"我也可以在我感知的同时纯直观地观

---

①　[德]胡塞尔:《现象学观念》,倪梁康译,第36页。
②　[德]胡塞尔:《现象学观念》,倪梁康译,第38~39页。
③　[德]胡塞尔:《现象学观念》,倪梁康译,第41页。

察搁置,观察它本身如何在此存在,并且不考虑与自我的关系,或者从这种关系中抽象出来;那么这个被直观地把握和限定的感知就是一种绝对的、摆脱了任何超越的感知,它就是作为现象学意义上的纯粹现象而被给予。"①通过意识的意向性,"不仅个别性,而且一般性、一般对象和一般事实状态都能够达到绝对的自身被给予性"②。我的意识既在内在领域里,又在内在中获得了某种超越,通过一种直观本质的方法就能被直接呈现在现象之中。对此,胡塞尔以直观本质的"红"为例,说明了"一个纯粹内在的一般性意识"是如何在意向性中"被给予的个别性"中构造自身的:"关于红,我有一个或几个个别直观,我抓住纯粹的内在,我关注现象学的还原。我除去红此外还含有的作为能够超越地被统摄的东西,如我桌子上的一张吸墨纸的红等等,并且我纯粹直观地完成一半的红和特殊的红的思想的意义,即从这个红或那个红中直观出同一的一般之物;现在个别性本身不再被意指,被意指的不再是这个红或那个红而是一般的红。"③这即是一种"本质直观",其建立在感性直观之上,认为我们能在感知的特殊事物之上"看出"一种普遍性和必然性的本质。故而内在与超越的悖论,在胡塞尔哲学那里就变成了从"现象"到"本质"(eidetics)的"本质直观"过程。

虽然生态审美经验的发生起始于对具体的自然事物的身体感知,但其不仅仅将审美主体的注意力聚焦于对自然事物的形式的审美上,其要求我们能够从个别、具体、孤立的自然事物的感知上升到对具有普遍联系的生态世界的"统摄"与"把握"。因为在现象场中身体感知所产生的快适感还不能被看作是美感,而是一种生理快感。而要从身体快感上升到美感,还需要经过康德所说的"审美判断"的过程。在传统美学中,康德的美学命题——"判断先于快感",是判断一种愉悦是属于美感还是感官刺激的金科玉律。对此他指出:"在鉴赏判断里是否快乐的情感先于对对象的判定还是判定先于前者。"李泽厚对此也讲过:"判断在先还是愉快在先,是愉快而判断,还是由判断而生愉快,对审美便是要害所在。"④生态美学的审美对象是作为整体的生态系统而非孤立的自然景

---

① [德]胡塞尔:《现象学观念》,倪梁康译,第46~47页。
② [德]胡塞尔:《现象学观念》,倪梁康译,第54页。
③ [德]胡塞尔:《现象学观念》,倪梁康译,第60~61页。
④ 李泽厚:《批判哲学的批判》,人民出版社1979年版,第364页。

观,因而它不是对具体的自然感知物所产生的动物生理性意义上的快感,其也需要人的主体意识的"判断"。如同传统认识论美学需要通过审美判断力来升华美感一样,生态美学同样也需要一个"鉴赏判断"的过程,才能赋予自然体验一个完整的、具有审美意味与生态价值意义的经验。但是这个"判断"过程不像传统美学那样是一个在感性经验之后运用审美判断力的一个反思、关照的过程。生态审美不是一种保持适当距离的静观的审美评判,而是一种强调主客统一、身心合一的参与美学。在生态审美经验中,"人的审美活动中不存在感性与理性,以及身与心的分离,人是作为'活的生物'参与审美并形成完整的'一个经验'的"①。逻辑上生态审美经验的这种特质强调的是人的肉身感知与主观能动构成的统一,这与现象学通过"悬搁"一切现成的观念而以"意向性"回到现象本身从而在个别现象中直观普遍、本质的方法是相通的。现象学正是从具体的现象出发,通过"本质直观"从经验出发上升到对事物的普遍本质的洞察。在意识的意向活动中,"我可以直观地说:这里的这个,它存在,无疑的。我甚至可以说,这个现象作为部分包含着那个现象或者与那个现象相联结,这个现象渗透到那个现象中,等等"②。同样,生态审美的美感产生的过程就是审美主体通过直观,从具体的感知物出发,发现生态世界的"存在",并在这种整体性背景视域下,通过不断对具体的自然景观的反思,获得生态审美与生态价值意义的过程。虽然胡塞尔认为主体意识的这种对普遍性的直观只具有"主观真实性"而与"客观意义"没有任何关系,继而从这点出发走向了先验现象学甚至唯我论。但从审美经验的角度来看,美感总是在主体中呈现,抛开胡塞尔将主体性树立为本体的谬误而仅仅从方法论上借鉴"本质直观"对内在与超越悖论的克服与统一的做法,我们就可以从身体感知具象的自然景观上升至主体意识对生态系统的一种宏观把握。从这个意义上讲,是直观将具体的、孤立的、割裂的"自然美"或者"环境美"进行了超越,从而形成了整体的、联系的、有机的"生态美";是直观将身心愉悦的舒适感提升到对生态世界、对地球环境的审美观照与价值守护的高度。正如张永清所说:"由于美是一种只有在具体的感性对象中,在人的审美经验中才能把握与领会的一种情感性价值,这一本质特征决定了它既不

---

① 曾繁仁:《中西对话中的生态美学》,第58~59页。
② [德]胡塞尔:《现象学观念》,倪梁康译,第50页。

能用抽象的逻辑进行推演,也不能用经验进行归纳,而是通过直观的、无中介的方式如感知、想象等意向行为来开启,体验审美对象的意义世界。"①

第二节　现象学中的本质直观

1."本质直观"的意涵

在传统认识论中,"直观"(insight)通常指一种感性活动,其与感知相对应,是对个别事物在时空之中的一种感性认识,这种对物的"把握"只有特殊性而无一般性。而要从个别上升至一般则需要主体意识动用归纳、推理等理性能力才能完成,但这一过程已脱离直观范围,乃是一种纯思辨的逻辑过程。归根结底,其属于自柏拉图以来将关于事物的"现象"与"本质"割裂开来看的认识论传统,在其看来,人的感性能力(如感知、直观)对应认识的只是事物的表象及可感特征,人的理性能力才是认识事物的本质的主要手段。胡塞尔批判了这种实体观念,因为客体的实体与感知属性的二分而导致主体认识能力的理性抽象能力与感性直观能力的二分,与此同时他也不同意心理学将所有认识活动都归为人的心理想象的心理主义。在他看来,现象和本质不是割裂的两极现象,乃是"物自体"在我对其的意向性感知中显示自身,而现象学也并不需求"物自体"或现象背面的"实体",其研究的是被给予、被呈现的现象本身。"现象学不是关于纯粹地显现着的东西的理论或者换一个说法,现象不纯粹是现象。因为事物如何显现是它们实在所是的整体性部分。如果我们想要掌握对象真正的本性,我们最好密切注意,无论是在感性知觉中还是在科学分析中,它是如何展现和揭示自身的。对象的实在没有隐藏在现象的背后,而是在现象中展开。"②因而本质也不再是从现象出抽离出来的"Wesen",而是"Eidos",其虽不同于在知觉或直观中被给予的个别性实体,但其却可以从个体性事例中被把握。"在个体对象与本质之间存在着(本身是本质的)联系。根据这种联系,任何个体对象都包含

① 张永清:《现象学的本质直观理论对美学研究的方法论意义》,《人文杂志》2003 年第 2 期。
② [丹麦]扎哈维:《胡塞尔现象学》,李忠伟译,上海译文出版社 2007 年版,第 54~55 页。

着作为其本质的一个本质存在,正如任何本质相反也都符合与作为它事实的个别化的可能个体一样。"①胡塞尔认为,现象与本质统一于主体的意识之中,通过对意识领域中那些感性的、偶然的、混杂了虚假成分的非纯粹现象的排除,从而将在意识中呈现出的事物本身的纯粹现象描述出来,这一由具体特殊上升至一般普遍的过程即是获得关于事物本质的过程,其采用的方法即是"本质直观"。

胡塞尔是从笛卡尔的真理观出发提出关于"本质直观"的看法的。笛卡尔通过"怀疑一切"的做法回到在直观中显现出构成部分,从而将科学知识建立在这一无需再怀疑的坚实基础之上。与此对应,胡塞尔认为他的直观方法也是包含着"无前提性""无成见性"的明见,其可以作为一切哲学与科学的基础。用黑尔德的话说,本质直观是"将意向体验和其对象的事实性特征还原到作为它们基础的本质规定性上去,事实特征对于这些本质规定性来说仅仅是一些可互相代替的事例"②。胡塞尔用意向性理论把传统的"物理现象"扩展为一种"心理现象",通过主体的"相即的感知"(adaquat,也译为"契合"),物理现象与心理现象具有了相同的感知标准而成为了统一的现象,这意味着,"对象本身不仅仅是被意指,而且就像它被意指的那样,对象与意指是同一的,对象是在最严格的意义上被给予的"。"对胡塞尔而言,感知的'契合性'达到了感知内容与对象之间的'同一性'。需要通过引语中的'对象'不仅指'个体对象',还指'普遍对象'。如果普遍对象是可以契合感知的,那么一般性的'给予'也是可以契合地感知的,一般性的'本质'也是可以被直观的。"③这样对普遍本质的洞察就被置放在主体意识的"所予性"与客体的"被给予性"的意向关系之中。本质直观是通过目光的转向,在一种新的意识活动样式中把握超出个体的观念之物的,而这种直观因为是事物"自身被给予的",因而也就有了一种"明证性",故可作为现象学方法的根基。

无论是在前现象时期(如《算数哲学》)还是在早期描述现象学(如《逻辑研究》)或是胡塞尔后期所坚持的先验现象学(如《欧洲科学的危机与先验现象

---

① 倪良康编译:《胡塞尔选集》上卷,三联书店1996年版,第460页。
② 参见[德]胡塞尔:《现象学的方法》,倪梁康译,上海译文出版社1994年版,第19页。
③ 陈嘉明:《意识现象学所予性与本质直观——对胡塞尔现象学的有关质疑》,《中国社会科学》2012年第11期。

学》)中,"本质直观的方法可以说是唯一一种贯穿在胡塞尔整个哲学生涯的方法"①。在《逻辑研究》中,胡塞尔通过对意识行为采取客体化和非客体化、称谓和陈述、直观和符号的划分,将所有其他意识行为都建立在直观行为的基础之上,视直观为不依赖任何其他意识的行为。直观无需概念和逻辑,也悬搁了信仰与意见,乃是一种无需中介参与的看者对被看者的"直接地看"。但传统认识论仅把这种"直接地看"视为对个别感性之物的把握,故而又被胡塞尔称为"个体直观"或"感性直观"。"就每一个感知而言都意味着,它对其对象进行自身的或直接的把握……这个对象也在此意义上是直接被给予的对象,作为这个带着这些确定的对象内容而被感知的对象,它并不是在联系的、联结的行为中以及在人其他的方式分环节的行为中构造自身。"与传统认识论认为个体直观还需经过抽象才能达到理解本质的看法相区别,胡塞尔提出了"本质直观"。"个别直观不管属于什么种类,不论它是充分的还是不充分的,都可转化为本质直观。"②本质也是一种直观,正如本质对象是一种对象一样。"互相关联的概念'直观'和'对象'的普遍化,不是任意畅想,而是事物本性所强制要求的。经验直观尤其是经验是对一个别对象的意识,而且作为进行直观的意识,它使此对象成为所与物,作为知觉,它使其成为原初所与物,成为原初地在其'机体的'自性中把握此对象的意识。完全同样,本质直观是对某物、对某一对象的意识,这个某物是直观目光所朝向的,而且是在直观中'自然所与的',然而它是也可在其他行为中被表象的、被模糊地或清楚地思考的某种东西,可成为真假述谓的主词。"③

个体直观(感性直观)为我们发现普遍本质奠定了基础,但对本质的发现不是通过一种抽象而是一种直观。仍是以对"红"的本质直观为例,在对杂多的感性认识(各种红色的东西)之后,"红"是明见地作为如此被把握的而"被给予";在个体直观后,"红"的概念意向得到了充实并获得了其的明见性与清晰性。"我们观看这个红的因素,但却进行一种特别的行为,这个行为的意向朝向'观念',朝向这个'普遍之物',此行为不是指向一张红色的吸墨纸或纸的红色属性,而是指向'红'本身,这样我们便根据对一个红的事物的单个直观而直接地

---

① 倪梁康:《现象学及其效应——胡塞尔与当代德国哲学》,三联书店1996年版,第75页。
② [德]胡塞尔:《纯粹现象学通论》,李幼蒸译,第60~61页。
③ [德]胡塞尔:《逻辑研究》第1卷,倪梁康译,商务印书馆2015年版,第1027页。

把握'红'这个种类统一本身。"①从认识论的角度来看胡塞尔的"本质直观"方法是近代认识论哲学传统的一种超越,不同于经验主义诉诸感性经验(继而陷入怀疑论与不可知论),关于事物"本质"的明见性是建立在"包含着在主观表达中相即"的直观之中。不同于唯理主义强调真理的逻辑性(继而陷入实在论),"胡塞尔运用直观把握的'本质'不是存在于感性材料之中的被发现的实在之物,也不是存在于心中的实在之物,而是在主客'相即'或'切中'的'本质'"②。从存在论的角度来看,虽然胡塞尔将"直观"的方法当作了追寻"先验自我"的手段,但正如芬克所说:"胡塞尔意义上的现象学还原的革命性力量就在于,在还原的实施过程中,一切众所周知的存在与认识的关系被倒转过来。认识活动变现为一种创造性力量,是它让实存存在的。"③正如海德格尔在《我如何走向现象学》一文所讲的那样,本质直观的方法为他的存在论的基本方法论"形式指引"奠定了根基。

值得注意的是,胡塞尔的"本质直观"在其思想发展历程中也具有一种方法论或操作步骤意义上的变化:在早期的《逻辑研究》《现象学的观念》以及《现象学的观念》等著述中,胡塞尔认为以单个或几个的经验与个体感性直观,然后通过目光转向,我们就能达到本质直观。而在较晚的著述(包括遗稿)中,胡塞尔则丰富完善了本质直观的操作与步骤,并认为仅仅在一个或几个个体直观之上是难以达到本质直观的,我们还必须通过自由想象的变更创造出更多变项,然后通过这些变项的递推才能把握不变的常项。这即是"自由想象变异"(imaginative free variation),其原则是通过"想象变异"而在一切能变种寻找保持不变者,从而使现象的本质可能性结构得以显现。在《现象学心理学》一书中,他认为:"在一种自由的活动中,一种对事实性的无关性在发挥着作用,以及存在于现实性中者似乎因此被转换到自由幻想领域。在有意识的任意选择中的其他变异法,关于单一变体都具有任意选择的例示性特征的形成,都以此为基础。此复多体于是成为'比较的'叠合作用之基底以及一种纯粹一般项之直观显露(Herausschauen),比一般项在此任意性变异行为中被个别性例示。"④这种"自

---

① [德]胡塞尔:《逻辑研究》第2卷,倪梁康译,第541页。
② 黎昔柒:《超越与局限:胡塞尔的"本质直观"透视》,《科学技术哲学研究》2017年第6期。
③ 倪梁康主编:《中国现象学与哲学评论》第2辑,上海译文出版社1998年版,第144页。
④ [德]胡塞尔:《现象学心理学》,李幼燕译,中国人民大学出版社2015年版,第66页。

由变异"即是要在我们的经验中展开各种新的方法并不断替换诸部分的构成,从而排除所有的纯偶然部分而使不变的本质方面在意识中呈现出来。对此,胡塞尔更是在《经验与判断》一书中概括出了"本质直观"的三个步骤:"一、变更之杂多性的生产性贯通;二、在持续的吻合中的统一性联结;三、从里面直观地、主动地认同那不同于差异的全等之物。"①通过这种自由变更,"当各个变体的差异点对我们来说无关紧要时,就把我们呈现为一个绝对同一的内涵,一个不可变更的、所有的变体都与之相吻合的'什么':一个普遍的本质"②。

张云鹏、胡艺珊在《现象学方法与美学——从胡塞尔到杜夫海纳》中,将"本质直观"概括为"前像""变更""变项""递推"和"常项"五个要素。③ 下面我们依据这种划分对"本质直观"的步骤作以简要描述:(1)前像。胡塞尔认为,无论经验或想象的个别事物都能作为本质直观的出发点,这个经验便是"前项"(vorbild,也译作"模品")。从这个经验出发,通过自由想象的能力,意识就可以创造出无数个与它相关的"后像"(Nachbild,也译作"估品")。前像亦是一种悬搁了前人之见的意向性经验,"对作为本质直观开端的经验事实存在设定的扬弃,一方面使自身指向纯粹的可能性,另一方面使随之而来的自由变更法得以建立,使个别变项的开放的随意变更多样性得以形成"④。(2)变更。"变更"乃是"通过想象来摆脱事实之物的关键步骤",具有随意性与多样性的特点。自由变更使得对某一事物的感知在前像的基础之上产生了无数的后像,因而具有无限的开放性。"这种开放的无限性毋宁是指,变更作为变相构成的过程本身具有一种随意性形态,这个过程是在变项的随意持续构成的意识中完成的。"⑤多样性与随意性相关,其指诸多的变更可随意地进行下去,但绝不会只剩一次性的。(3)变项。在前像的导引下,通过自由变更创造出与前像类似的后像即"变项"。变项自身所包含的本质为其划定了序列,其"意味着在自由想象过程中出现的事实性之物,它是在本质变更过程中必须被忽略的东西,以便精神的目光能够集中到作为'常项'的本质之上"⑥。(4)递推。递推也称"精神性递推"

---

① [德]胡塞尔:《经验与判断》,邓晓芒、张廷国译,三联书店1999年版,第402页。
② [德]胡塞尔:《经验与判断》,邓晓芒、张廷国译,第395页。
③ 参见张云鹏、胡艺珊:《现象学方法与美学——从胡塞尔到杜夫海纳》,第50~58页。
④ 张云鹏、胡艺珊:《现象学方法与美学——从胡塞尔到杜夫海纳》,第57页。
⑤ 倪良康编译:《胡塞尔选集》上卷,第485页。
⑥ 倪梁康:《胡塞尔现象学概念通释》,商务印书馆2016年版,第521页。

"递推的相合"或"心理性的重叠"。变更不是从一到多的感性直观,而递推则是从多到一的本质直观。递推将自由想象的变项的多样性把握为同一样,"更明白地说,在直观一系列变项时,我们一方面看到了它们之间的差别,另一方面又看到了它们之间相同的地方,这一系列变项差别之中的同一性即是本质"①。(5)常项。"常项是贯穿于变项多样性始终的统一,是论证着变项相似性的统一,它是在对一事物进行自由变更时作为必然的普遍形式保留下来的东西。"②常项乃是贯穿在整个本质直观中的共同之物,即本质直观所要把握的东西。

2. 本质直观:从感知、想象到世界视域

在胡塞尔的现象学哲学中,本质直观虽是由感知和想象两个部分组成的,其中感知是最具奠基性的意识形式(在此意义上,这也是梅洛-庞蒂展开自己的身体现象学的基点),所有的意识行为最终都可以回溯至感知,感知是一种典型的明证性、直观性的"原始样式"。感知的特点是其给予我们如其所是的物本身,在德语中的"感知"(或"知觉")一词直接的意思就是"视为直"(Wahrneh-mung),故而在感知的意向活动中,客体在当下事物现前中被给予,在其自存中和"如是存在中"被给予。"客体存于知觉中有如在躯体中,更准确地说,有如实际现前者,有如在当下现在中自给予者。"③胡塞尔的感知理论是对经验主义的批判,其认为客体不是一系列的感觉材料或可感属性,而是真实存在的实体;通过意识的意向性关联,我们是可以觉察到客体的实存的。在感知中,客体是如其所是被给予的,其总是从某一角度或侧面向意识呈现,而作为一个整体的客体却不是被完全给予的。对此,胡塞尔认为,即使感知只是关于客体的某一维度的知觉,但客体的其他未见的侧面仍是以空的形式"被共同意念的",而想象就是填充这些空的意念的行为。想象具有"非现实性"(Inaktualität)的特点,这意味着想象的对象既可以是实存的(如桌子)也可以是非实存的(如独角兽)。区别于感知中显露的、现时的对象意识,想象中的对象意识则是隐含的、潜能的。故想象是一种"当下化"或"再现"。"想象所具有的意向性特征在于:它是一种当下化(Vergegenwärtigung),与此相反,感知的意向性特征则在于:它是一

① 张云鹏、胡艺珊:《现象学方法与美学——从胡塞尔到杜夫海纳》,第57页。
② 张云鹏、胡艺珊:《现象学方法与美学——从胡塞尔到杜夫海纳》,第57~58页。
③ Husserl, *Ding and Raum*, Vorlesungen: nrsg. Von U. Claesges, 1973. p. 12.

种当下拥有(Gegenwärtigung)(一种体现)。"①在胡塞尔看来,回忆、期待等除了感知之外的客体化行为都属于"想象"的范围,因而本质直观就是一个从感知对单个事物的感性直观到通过想象的"自有变异"对普遍之本质的把握上升过程。

胡塞尔通过对意识的时间性分析,进一步明晰感知、想象以及本质直观的发生过程。以听音乐为例,当下对音乐的聆听不同于对音乐的回忆或想象;其也不是对一个个的音符的感听,而是一个连续不断的感知的"体验流"。"我们在这里所描述的,是内在—时间客体如何于一个连绵的河流中'显现出来',如何'被给予'的方式。"②胡塞尔将听音乐这种体验在时间上的向前绵延称为"前摄"(Protention,也译为"预存"),将向后的绵延称为"滞留"(Retention,也译为"持存")。而意识就在一段时间中持续不断地变化,它的起源点是一个"原印象",其等同于感知。"意识的每个现实的现在都受变异法则的制约,它从一个滞留转变为另一个滞留,从不间断。因而就形成一个滞留的不断连续,以至于每个以后的点对于以前的点来说都是滞留。而每个滞留都已经是连续流。"③在听音乐的过程中,被感知的部分是单个的音符,但映入我们脑海的却是整段的旋律,因此听音乐是从感知到"当下化"的被直观的过程。"感知在这里是这样一种行为:它将某物作为它本身置于眼前,它原初的构造客体。与感知相对应的是当下化,是再现(Repräsentation),它是这样一种行为:它不是将一个客体自身置于眼前,而是将客体当下化。"④作为"原印象"的感知在从前摄到滞留的时间性流动中以自身为中心展开了一个"时间晕"或是"视域"。在意识中,新的即将随体验的流动而进入当下的视域,在时间上转变为"当下","当下"在达到了印象强度的峰值后又转变为"而后","而后"不断衰退,并最终脱离该视域的范围。这样意识的展开便是在视域的时间维度上不断延伸。如果没有视域,那么听音乐就只是听到不同的响声而已,作为一段旋律的音乐便难以形成。从视域的角度看,感知与想象也得以被区分——"当下化"的想象(包括回忆、期待与单纯的想象)构造的是一个有着自身视域的"持续的对象";而作为"原印象"的感知则不构造这种对象。因为在印象中的意向仅仅朝向那个在印象中构造起

---

① [德]胡塞尔:《逻辑研究》第2卷,倪梁康译,商务印书馆2015年版,第124页。
② [德]胡塞尔:《内时间意识现象学》,倪梁康译,商务印书馆2014年版,第63页。
③ [德]胡塞尔:《内时间意识现象学》,倪梁康译,第68~69页。
④ [德]胡塞尔:《内时间意识现象学》,倪梁康译,第82~83页。

来的对象,而不朝向它的由前摄和滞留所构成的"晕"。换言之,在"晕"中没有对象,因为在"晕"中没有东西与我们相对立。我们只能在我们意向朝向之外发现对象。①

从以上的论述我们可以看出,"本质直观"的方式决定了我们对事物的意识必然采取形象—背景(figure-background)的结构,事物的形象总是在一定的背景或视域之中构成的。"任何经验都有自己的经验视域。"②这意味着在意识体验中被我意指的"对象"不是孤立地、静止地、完全不确定和未知地被察觉,它是作为处于某环境中并与它的背景相关联的东西而被我经验到的。一方面,任何一个关于单个事物的经验都指向一种可能性,这是从自我出发指向某种"使其可能"(Ver-möglichkeit)。它不仅指向我在瞬时下"看"到的样态,而且还指向"从这自身被给予的东西中经验地获得不断更新的规定的物"。另一方面,关于单个事物的经验还可以被扩展至"连续体"和"说明链条",其可以与其他经验、其他的晕在意识中综合为一体,因而是无限的、开放的。因此,胡塞尔认为直观除了具有时间视域外,每一个对空间事物的体验还具有"内视域"与"外视域"的结构划分。

(1)内视域

在一个关于事物的内视域中所隐含的是所有那些可以从这个事物那里经验到的东西,内视域是我们的视线围绕着意向对象的可能性,这种可能性或多或少都是确定的。"在这里,'视域'就意味着在每个经验本身中、本质上属于每个经验并与之不可分割的诱导(Induktior)。"③这就像生态审美中对某个具体的环境的体验:无论怎样感知,主体总是围绕着这个自然事物进行此时此刻、此地此处的审美体验。例如我们在参观石林时,那千奇百怪的喀斯特地貌总是在一个内视域中被我们注意到。我们在看到某一石柱的同时,总是在对它进行着联想,一会儿觉得他像个猴子,换个角度又觉得它像一个烟斗等。我们变换维度去感知并想象它,而所有的这些不同角度的意识都构成了围绕着这个石柱所形成的内视域,我们正是在这个视域之内对它进行着审美体验。但无论我们如何感知与想象,无论这个石柱能被比拟成多少种不同的形态,它都是围绕着这个

①　参见倪梁康:《现象学及其效应——胡塞尔与当代德国哲学》,第74页。
②　胡塞尔:《经验与判断》,邓晓芒、张廷国译,第48页。
③　胡塞尔:《经验与判断》,邓晓芒、张廷国译,第48页。

固定的、具象的自然景观展开的,它不能脱离于当前的这个景观之外。

(2)外视域

但在生态审美中最重要的,也是区别于环境美学的则是审美主体的外视域的体验。"任何经验物都不只是拥有一个内在视域,而且也拥有一个无限开放的具有共同客体(Mitobjekte)的外在视域,对于这些共同客体,虽然我眼下尚未关注它们,但我随时都可以关注它们,把它们看作与我目前所经验到的东西不同的、或与之在某一类型上相同的东西。"①我们可以从对一颗橡树的种子的感知出发,继而想象它被种在土壤里并生根发芽,经历风吹日晒后长成一棵参天大树。再由这棵橡树想象出一片树荫,再到一片森林,再到整个森林生态系统,甚至上升到对整个地球上的森林系统的直观。这就像摄影机的拍摄手法一样,从一颗橡树种子的特写,到不断拉伸镜头,使视野内的景象由小及大、由近到远,直到将一个生机盎然的绿色星球呈现于画面中。这样的视域已不是我们在感性直观范围内向我们的意识呈现出的可能,它是随本质直观而一同被共现给主体的一种关于当下事物的不确定性和潜能性。从对具体橡木的感知出发,既可以"看"到地球森林系统的存在,也可以"看"到橡木家具市场的存在。"但不管其他这些客体在预期中被意识到的可能性的差异性有多大,有一点却毕竟是它们所共同的,即:所有的各自同时被预期的或甚至只是同时在作为外在视域的背景中被意识到的实在之物,都是作为来自世界的实在客体(或属性、关系等等),作为在同一个时空视域中存在着的客体而被意识到的。"②所有关于个别感知的事物都处在作为绝对视域的普全世界视域之中,而想象的作用就是将具体的感知置入这个宏观的背景之中。这种本质直观通过回忆、对比、联想、期待等"自有变异"手段不断地构造感知物并超越感性直观,最终达到对世界(Welt)的构造。

倪梁康教授认为"视域"概念的重要意义在于:"它说明了在意识中单个对象与作为这些对象之总和的世界之间的过渡关系,说明了具体、充实的视域与抽象、空乏的视域之间的过渡关系。"③从生态美学的角度来看,"视域"通过将当下的自然景观与彼时彼刻、彼地彼处的其他自然景观联系起来,进而形成了

---

① 胡塞尔:《经验与判断》,邓晓芒、张廷国译,第49页。
② 胡塞尔:《经验与判断》,邓晓芒、张廷国译,第49页。
③ 倪梁康:《胡塞尔现象学概念通释》,第233页。

一个有关生态圈的整体观念。所有在具体现象场中的身体感知体验以及整体的生态系统始终是处在一个整体的世界视域之中。通过"外视域",我们对单一景观的身体感知经验是可以达到对整个生态世界的经验的。对此,胡塞尔讲道:"在普遍一致性中被设想的无所不包的感性经验具有某种存在的统一性、某种更高秩序的统一性;这个无所不包的经验的存在物就是大自然(All-nature)。"①

第三节　生态审美经验中的审美直观

生态美学较之于环境美学得以成立的最大困难就在于:如何从对当下优美舒适的自然环境之体验过渡至对一切活的生物的"栖息地""住所"的审美关照。换而言之,生态美学所面临的最大难题是抽象的"生态"与感性的"审美"、科学性与人文性的矛盾。因为无论在哪种审美领域、在哪种美学阐释理论里,审美活动最终的落脚点必然是具体的、个人化的感性感受;而生态学则是研究生物与生物、生物与环境之间有机整体关系的一门学科,其最终的落脚点乃是作为整体存在的地球生态圈的现象与规律。如何让个人在自己对"自然美""环境美"的体验基础上领悟到生态系统之"美",这便是生态审美经验研究中的关键所在。根据上一章的论述我们已经知道,生态审美经验起始于我的"身体"对周围自然环境的感知。在这一活动中,审美主体乃是我的感官综合、身心合一的"身体—主体",审美客体乃是围绕在我周围、被我意向性感知的自然环境。以我的身体活动范围为中心构成了一个身体对生态因子感知的现象场,在这个包含了审美主、客体的现象场中我获得了一种对自然环境原初的感知觉,这是生态审美经验发生的起点。我们且不论这种对环境感知的体验是否可以称之为审美体验。即使从否定性的角度讲,到目前为止,我也只是通过身体感知体验到了特定自然环境的审美要素,并由此对我所处的环境空间产生了一种愉悦的体验(虽然也有学者认为这就是一种对环境的审美,它是对实体性存在的具象化的宜居环境产生的一种美感,但我们还是将这种论断"悬隔"起来),但我还

---

① 胡塞尔:《经验与判断》,邓晓芒、张廷国译,第72页。

没有真正将这些对环境的体验置于一个整体背景之下去审视超越这些具体环境之上的生态系统的显现,故还和"生态"挂不上关系。

而从肯定的角度来看,即使承认环境美学的成立,与可以通过"身体—主体"现时感知的具象的"环境美"不同,"'生态'不是一个实体性概念,而是一个关系性概念。因此,不存在一种实体性的'生态之美',只有关系性的生态之美"①。要从对实体性的环境体验过渡至对关系性的生态的把握,就需要我在当下的现象场对自然景观进行感知的同时,运用我的想象能力结合我对过去曾经体验过的其他自然景观的经验、记忆、认识等,通过联想、类比、回忆和期待的手段将当下的自然环境与其他的自然环境融合于当下的这个审美体验之中,从而实现此时此刻、此地此处与彼时彼刻、彼地彼处的互相关联,这即是主体想象能力的作用。在现象学中想象与感知相对应,感知乃是对对象的"当下拥有",而想象则是对对象的"当下化"行为,其通过在时间意识中将对过去的体验、未来的期待转变为"当下",从而以"当下拥有"的感知体验为视域中心继而构成了一个联系时空中其他视域的更大的一个总体视域的统一。"在意识流中所建构起来的并不只是在每个最广义地在场的时段之内(这种在场不管是在一个知觉中还是在一个回忆中,甚至在一个想象直观中)的某种统一的相关对象性,以及在这些在场的流变中的某种发生关联的统一性;相反,超出这种对个别在场时段(Präsenstrecken)的结合之外,还在随意多种多样的在场之间、在每次现实的在场和那些已逝去的在场之间造成了结合……基于这一点,在当下的东西与回想的东西之间、在知觉与被联想唤起的回忆或想象直观之间,就建立起可能的统一性。这是一种感性直观的统一性,是一种在现实的和真正的直观场境中并超出其上而在一个生动的时间场境中建构起来的统一性,也就是一种由直观的个别性做基础的统一性。"②这个在场的统一性就是在意识的意向性中对作为一个有机整体而存在的地球生态圈的直观把握。在此我们认为,在生态审美经验中,审美主体必须具备一种直观的能力,才能从对不同的自然环境感知出发,上升至对地球生态圈本身的发现,并重新在这种整体性宏观的背景视域下重新审视在当下对自然环境的体验之中所迸发出的生态美感。

---

① 曾繁仁:《关于"生态"与"环境"之辩——对于生态美学建设的一种回顾》,《求是学刊》2015 年第 1 期。

② [德]胡塞尔:《经验与判断》,邓晓芒、张廷国译,第 213 页。

1. 现象学直观与生态审美直观

由于"生态"是一个关系性的观念,并不具备一般审美对象的感性化特征,所以如何发现并体会生态之美,用传统美学的研究方法是行不通的。传统美学把"美"本身作为研究对象,通过逻辑演绎或者归纳美感特征去获取美的本质定义,这是一种所谓的由感性经验到理性认识的提升过程。这种研究方法得以成立的前提,就是承认存在一种实体化的"美",然后再从具体的审美活动出发,通过归纳或演绎的方式对这些审美体验进行抽象的概括或总结,继而达到对这个"美"本身的关照认识。但生态审美的对象不是实体,也不是某一特定的自然景观客体(否则就是景观美学的研究范围了),它关注的是作为一个整体的有机生态系统,其乃是一个关系性的存在,不具有感性化的特征。因此,关于生态的审美不能停留在可感事物的具象化层面上(因为并不存在一个可感的生态系统),而应从审美主体对自然景物的经验与意识过渡至对各个自然环境景观之总和的一种宏观整体的把握,即从对具体环境的感性知觉过渡至生态系统在意识中的直观化显现,才有所谓的生态美。离开这一由具体到普遍、特殊到一般的生态构造过程就无从谈论关系性意义上的"生态美"。

而对生态美学的质疑者往往不能恰当地理解这一点,他们从认识论的角度来思考生态审美问题——其将"生态美"视为一种实体存在,并认为在"艺术美""自然美""社会美"外并不存在这样的一种"美"。例如有学者认为:"美学的研究对象就是主体与客体对象之间形成的一种精神性的愉悦感,而生态学的研究对象则是人与自然界的物理关系。因此,可以说,正是由于生态学与美学在研究对象上存在着根本的差异性与不可融合性,必然决定了将生态学与美学硬性地结合在一起的努力如同在动物与植物之间进行配种一样混乱而徒劳。"[①]暂且不论作者将生态美学与美学比喻为动物和植物是否恰当,只谈作者对美学的认识也仅是停留在对狭隘的美感理解层次上。作者的逻辑是这样的:因为人不能感受生态系统(生态圈)所散发的美感,所以生态与美学不能结合。诚然,从认识论的角度看,人对生态的理解是一种科学层面的认知,我们无法在现实中找出"生态美"这样的一个实体。但生态审美的关键并不是要去寻找一种"生

---

① 王梦湖:《生态美学——一个时髦的伪命题》,《西北师大学报》(社会科学版)2010 年第 2 期。

态美"的存在并对其定义,而在于对人和自然的和谐共存关系的审美体验性的描述。在生态审美中,认识论意义上的审美主体与审美对象("生态美")都是在关系性的审美经验中建立起来的。诚然我们无法在客观现实中找到一种叫作"生态美"的实体本质,但不能否认的是长期在野外工作的生物工作者对大自然由衷的一种敬畏与赞叹之情的存在。生态审美不是一种实体化的"美",而是一种审美关系,必须在审美体验中发现生态之美、领会生态审美的意义。这需要我们将身心抽离出书斋而走进自然,重要的是体验而不是认识。正如伽达默尔所言:"凡是以某种体验的表现为其存在的规定性的东西,它的意义只能通过某种体验才能把握。"①这种在具体的经验中体会到生态之美的过程,不能采用传统认识论美学的归纳、演绎的方法,而要用一种审美直观的方法。

对审美现象的"直观"(Intution)并不是生态美学所特有的一种方法,在传统艺术审美经验中,亦有美学家强调直观的重要作用,如克罗齐就把知识分成直觉与逻辑两种形式,并直言艺术即是直觉表现。通过对直觉与逻辑、想象与理智、个体与共相、个别事物与中间关系、意象与概念的划分,克罗齐把审美活动同认知领域等的其他活动区别开来,并在"直觉即表现"的立论下构建起自己的美学体系。无独有偶,在英、法也有以狄尔泰"生命哲学"为根基而主张"直觉主义美学"(intutionist aesthecics)的柏格森与怀特海等。受"生命解释学"主张以体验为中心对文艺进行阐释的启发,柏格森将艺术提到了与哲学同等的位置,并认为艺术可以以超感性和理性的"直觉"直接认识"实在"和"绵延"。而怀特海的"过程哲学"则成为当代生态中心主义思潮的滥觞,他认为科学式的抽象认知有害于人的超感性、理性的"直觉",人应投入生命之中,以生动瞬变的审美直觉的方形为心灵提供永恒的价值。同这些具有非理性主义色彩的直觉理论相比,胡塞尔的现象学直观方法则是沟通理性与感性,并为一切认识奠定前提的"第一哲学"。胡塞尔所指的直观乃是"直观的明见"或"明见的直观",即一种能够直接"看""注视""望着"、schauen 把握到事物而无需经过理性的归纳演绎的明见性;也就是说,现象学中的本质直观,乃是一种"直接地把握到",而在"直接地把握到"这个表述中显然包含着"无前涉性""无成见性""面对事物本身"等意义。本质直观,"它所表明的无非是拥有自身经验,拥有被自己看见

---

① 蒋孔阳、朱立元主编:《西方美学通史》第 4 卷,上海文艺出版社 1999 年版,第 401 页。

的事情,并且在这个自己看的基础上注意到相似性,接着便进行那种精神上的交叠,在这种交叠中那共同之处如红、形状等等就会把'自身'凸现出来。就是说,达到观看性的把握"①。本质直观与传统直观理论主要有以下两点区别:

首先,传统直观理论认为直观是与抽象能力相对立的一种感性活动。凡是强调直观在审美活动中具有重要作用的美学家最后都陷入了非理性主义的"神秘体验"或"个人天才"的论调中。而本质直观则是对感性(个体)与普遍性(一般)的一种统一,通过现象学的方法对个别事物进行"观看",不仅杂多性中的同一性被给予,而且"我"还在意识中构造了"观念化的抽象",即"范畴直观",其为一切认知(包括科学的认知)奠定了哲学基础。其次,传统直观理论往往把人的直观能力归结于主体身上,从而把世界的存在维系于主体的"心灵""意识"或"生命"之中,割裂了人与世界的物质性基础联系而陷入了主观唯心主义。胡塞尔的直观方法通过"意向性"将主客体关系共同纳入到了意识里"一个由非想象的一同被意指之物所组成的视域"之中。虽然早期胡塞尔将这种意向性的直观的最终落脚点归于"先验自我",但随着其后期关于"生活世界""主体间性"等概念的提出,他最终克服了"唯我论"而使现象学向着更为广阔的"存在论"前进。在对前观念化的生活世界的强调方面,晚年的胡塞尔与海德尔格殊途同归。"他们都认为在观念化和主客分化之前,或者我们能够对世界万物进行述谓之前,有一个视域型的人的生存世界,在这样的一个世界里头,主体和客体还没有真正分开。"②

由"本质直观"到对"生活世界"的发现是现象学运动由认识论向存在论转向的关键,其同时也是"生态存在论美学观"强调生态审美对主客二分模式超越的理论依据。通过对感性的自然环境的"本质直观",我们还原出的是一个作为关系化存在并将人包含在其中的"生态世界",通过直观过程中主体对"感知"与"想象"的运用,我们可以由对单个的自然美景感受过渡至对处在普遍联系中的"生态之美"的一种领悟。正是在这种意义上,现象学的"本质直观"方法可以为生态审美经验中对生态系统之美的审美直观提供理论借鉴。

现在的问题是"本质直观"是否等同于生态审美直观?众所周知,胡塞尔本

---

① [德]胡塞尔:《经验与判断》,邓晓芒、张廷国译,第403页。
② 张祥龙:《现象学导论七讲——从原著阐发原意》,中国人民大学出版社2011年版,第187页。

人对现象学的贡献主要在论述主体意识的构成以及对现象学方法的描述方面，其并未对审美或艺术领域进行过深入的研究。在为数不多的关于审美或艺术的手稿中，有一封《致胡戈·冯·霍夫曼斯塔尔的信》，胡塞尔在其中明确写道："现象学的直观与纯粹的艺术中的美学直观是相近的；当然这种直观不是为了美学的享受，而是为了进一步的研究，进一步的认识，为了科学地确立一个新的哲学领域。"①胡塞尔的目的是发现蕴含在现象中的普遍本质，从而以直观的方式达到对真理的认识；而审美直观的目的则是以眼前的现象为视域中心展开，继而在直观当下事物为审美对象的活动中开启意义世界。在生态体验中，这种审美直观就是如何能够在当下对具体自然环境的感知中领悟到一个生态世界（包含着当下的自然环境）的生态圈的敞显问题。在生态体验中，如果我们只注意当下自然景观的身体感知的舒适性，仅将当下对景物的体验视为一个独立存在的"风景如画"的审美体验而无法通过同过去以及他人的自然审美经验做联想、类比、回忆和期待便始终无法超越这些特殊具体的体验而直观到作为整体存在的生态系统，这让我们无从谈论生态审美。对生态系统或生态圈的认知可以通过以概念为逻辑基础的演绎方法，也可以通过采取生物样本而进行归纳的方法，但同时也不排除以审美化的体验、以直观的方法达到对自然世界有机和谐共存的一种领悟。"由于美是一种只有在具体的感性对象中，在人的审美经验中才能把握与领会的一种情感性价值，这一本质特征决定了它既不能用抽象的逻辑进行推演，也不能用经验进行归纳，而是通过直观的、无中介的方式如感知、想象等意向行为来开启、体验审美对象的意义世界。从这个意义上讲，本质直观不仅是现象学哲学的方法论基础，也是现象学美学的方法论基础，为美学研究开启审美对象的意义世界提供了新的理论武库。"②在此意义上，以胡塞尔的"本质直观"为方法论，我们就能在生态审美经验中以审美直观的方式，领悟到由当下自然景物所展开的具有审美意味的生态世界。

在现象学当中，宽泛意义上的"直观"是一种由"感知"和"想象"共同构成的意识行为。"对于一个单纯对象而言，直观是可以一次性地完成的。但是对于一个由多个部分或者多个环节构成的整体或者过程而言，则直观就不是可以

---

① 倪梁康编译：《胡塞尔选集》下卷，第 1203 页。
② 张永清：《现象学的本质直观理论对美学研究的方法论意义》，《人文杂志》2003 年第 2 期。

一次性地完成的,相反,直观成为一种直观综合过程,或者说一种直观的构造。"①同样,在生态体验中,我们也不可能一次性地把握住生态整体的"存在"。可以说,在生态审美经验中并不存在真正意义上的身体感知与审美直观互相严格区分的一个状态,二者作为一个"整体"构成一个完整的"经验",它们是混融的而非割裂的。我们在现象场中用身体感知周遭的环境时,势必会运用主体的想象能力来比较当下体验与其他的环境体验之间的异同。"我们让事实作为范本来引导我们,以便把它转化为纯粹的想象。这时,应当不断获得新的相似形象,作为摹本,作为想象的形象,这些形象全都是与那个原始形象具体相似的东西……在这种多样性中贯穿着一种统一性,即在对一个原始对象,例如一个物做这种自由变更时,必定有一个不变相(Invariante)作为必然的普遍形式仍在维持着,没有它,一个原始形象,如这个事物,作为它这一类型的范例将是根本不可设想的……没有它,这一类型的对象就不能直观地被作为这样一类对象来想象。"②在对不同环境体验的相互比较过程中,我们是可以从这些特殊的现象场为视域背景,以此展开直观能力,在诸多个别、杂多的体验之中意识到在这些视域背景之上作为一个总体不变的世界视域存在的生态圈。

身体感知总是关于具体自然环境,具有形象性特征的经验方式,而生态审美总是关于生态世界意义的整体领悟,因此生态审美经验中的这种内在性与超越性的悖论如果仅仅停留在身体感知的层面上则是无法弥合的。对于生态审美中超越性一面的"关照",必须做到要让我们的感知体验能于此处达到彼处、此时沟通彼时、此环境到达彼生态系统。而能做到这一点的就是主体的想象能力,也即是胡塞尔所言的"自由想象变异"的能力:如果我们从一个知觉客体出发,那么它虽然是在知觉中"原始地被给予"我们的,但原则上,只是不完全地给予的;它还需要在进一步的直观中系统地揭示出对象性的意义,我们还必须为自己取得有关这个物的完全的直观。但我们不可能无止境地并按照该物真实地所是的一切东西,将现实经验的作用释放出来……我们顶多只能转而把这个视域、这个作为预先可能的东西的视域而存在的视域,连同它的各个选言的可能性的系统一起加以展示,使之呈现在我们面前……现在我们可以自由地变

---

① 张志国:《审美的观念——以胡塞尔现象学为始基》,中国社会科学出版社 2013 年版,第 146 ~ 147 页。

② [德]胡塞尔:《经验与判断》,邓晓芒、张廷国译,第 395 页。

更,这首先就使得我们抓住知觉的开端内容,并在对自由的随意性和纯粹一般性的意识中突出样式的共相。但然后我们也可以抛开开端内容的束缚,只要我们把开端知觉转变为纯粹可能性,并自由变更地思考这个可能性本身,也就是思考为随意的、可以按照一切意义视域继续进行的可能性,连同从中产生出来的系统,既可以在对同一个东西的一致经验的样式中对经验进行扩充的系统。当视线不是指向主体行动,而是指向被经验为事物的东西,指向一直被经验为同一存留之物及其每次都具有摆明作用的属性时,通过在共相中的变形和连续自我吻合,就产生了一般自同之物(Selbige überhaupt),它处于自己的应归之于一般共性的普遍规定之中;确切地说,这种普遍性是纯粹的,与纯粹可能性相关的普遍性,它应归之于事实和每个可能的事实(个别情况),并非作为事实,而是因为它一般地应当可以被作为同一事实和作为那个示范事实的变形来想象。①想象是我们不脱离于可感知事物的具体形象的同时,又能充分调动与发挥我们主体意识的能动性创造出新的审美体验的一个重要环节。在生态审美经验中,我的身体感知的虽然是某一特定的自然环境,但是我却可以运用我的想象,去体验此视域之下的自然景色的彼时彼刻的场景,去联想和对比不同的自然景观与当下的美景的相似性与差异性,甚至去构想一个包含了当下自然场景与其他自然环境的宏观的生态世界。正是在此意义上,我们认为想象是生态审美经验中由身体感知到审美直观的一座桥梁。它将对特定自然环境的感知和体验由身体快感通向了审美体验,将属于环境美学关于景观的"把握"通向了属于生态美学中对有机生态系统的"领悟"。

2. 生态审美直观的构成

(1)从身体感知到生态想象

根据现象学的理论,我们可以将生态审美直观的过程看作是由身体感知与生态想象两部分组成。如上一章所述,生态审美中的身体感知强调的是身心合一,以"身体—主体"统领感知觉去参与性地体验自然生态环境,其与传统艺术审美经验看重视觉、听觉对作品的感性形式的察觉的主张相比乃是一种全新的感知体验方式,在此我们不再赘述。从审美心理学的角度来看,身体感知与艺

---

① 参见[德]胡塞尔:《经验与判断》,邓晓芒、张廷国译,第418~419页。

术感知的共同之处在于，它们都是审美主体对审美客体可感属性的一种直接把握，是事物的美丑特征以感性形式直接刺激人的感官（无论是五感综合的还是视听为主的）后被大脑处理所形成的直接反射。这种感受尚未经过大脑的进一步加工，只是个别地对事物的形状、色彩、声音、气味、触感等产生的一个初级的感性认识或初级美感，甚至有时还只是一种生理的快适感。而审美化的直观则是对事物的这种初级感受做出的一种未经理性分析但却能情感性地发现该客体的审美意义的情景化的能力。其中，想象因为具有以各种方式"加工"和"改造"知觉材料，使对象可以超越感知的内在性而过渡至对整体的宏观把握的能力，因而在审美直观活动中具有重要作用。对此，李泽厚认为，感知是"审美的出发点"，而想象"大概是审美中的关键，正是它使感知超出自身"，它是审美的"中介、载体或展现形态"。① 想象的作用是匡正感知的发展方向，使感知既不滑向动物性的感官刺激，也不使感知变为认识论意义上的认识前提；主体的现象能力将感知提升到审美的层面上，沟通了感知与情感，为审美愉悦的产生提供了可能，它能使审美对象扩展并同其他审美经验联系起来，从而深化了主体当下的审美体验。正如雨果所说："想象就是深度。没有一种心理机能比想象更能自我深化，更能深入对象。"②

在艺术审美经验中，想象可以将现时空中的美的作品同其他美的体验（或非美的体验）共同呈现在人的脑海之中，继而为主体构造出一个与"世界"勾连在一起的审美意象的显现过程。与此对应，在生态审美经验中，关系生态整体的现象能力也是沟通身体感知与审美愉悦之间非常重要的一个环节。从生态存在论出发，人在自然中活动所形成的现象场是其他一切人类活动得以展开的基础。人在自然中"存在"是无前提条件的前提。在此前提下，身体感知开启的包含了人和自然"共在"的"在世之在"，但其并不能直接导致人对自然的亲和之情的产生。"世界只是以一种狭隘地被限制的方式以及在未经澄清的视域中被经验……但是我们也会清楚看到，这些视域是完全不确定的；我们作为未知的或未被经验的世界所对自己呈现者，即作为经验性认知域外的世界，永远只呈现出一种可能性，对于后者我们可任意地将其他可能性与之并列。"③对自然

① 参见李泽厚：《华夏美学·美学四讲》，第 332 页。
② 周忠昌：《创造心理学》，中国青年出版社 1986 年版，第 210 页。
③ ［德］胡塞尔：《现象学心理学》，李幼蒸译，第 68 页。

环境的具象化的身体感知,既可以指向生态审美经验发生的起源,也可以是产生关于自然界的科学知识的前提。如何在这个现象场中,让人与自然"打交道"的视域,不是集中在对环境的科学的认知上,也不是停留在生理性的快适状态上,而是导致一种审美情感的开启,便是在对生态之美的体验中运用生态想象能力的体现。值得注意的是,虽有学者认为"审美直观的核心规定性不是感知行为或知觉行为,而是一种纯粹想象"①,但其主要还是针对艺术审美经验在描述现象学的审美直观方法。而对于生态审美经验,我们认为身体感知与生态想象不是割裂的两个步骤,而是一个融合在一起的直观过程,它们共同作用从而使我们能够从对孤立的自然景观中直接"看到"生态系统的存在,使得我们由木见林、一叶知秋得以可能。正如现象学家英伽登所言,审美经验"不是一种瞬息间的经验,立即实现又立即消失,而是在审美鉴赏者一系列相继的经验和行为方式中展开的一个过程,它必须在各个阶段完成特殊的功能"②。身体感知与生态想象共同构成了一个对生态系统的直观过程——身体感知以"身体—主体"的意向性活动为展开,将时空间中的主客体共同包含在当下的视域之中;而生态想象则从该视域出发,通过联想、类比、回忆和期待等手段将当下体验向视域边缘不断延伸,继而将该视域与其他时空中的视域联系起来并最终在这些视域之上发现生态世界作为总视域的存在。

(2)生态想象与艺术想象的区别

在审美心理学中,一般将想象分为"知觉想象"与"创造性想象"两类。知觉想象是主体围绕着正在感知的事物形成的表象所进行的一种加工与改造并形成新形象的过程。它的特点是"不能完全脱离开眼前的事物"③,即知觉想象是对此时此刻、此地此处被我们感知觉所感知的事物的一种形象化的想象。例如对"甲天下"的桂林山水的标志性象征象鼻山的想象——主体感知觉感知的是位于漓江与桃花江汇流处的一座喀斯特地貌的岩石(以科学认知的态度"看"就是如此)。但当我处于这样的一个自然环境中——在绿水青山、蓝天白云、苍翠植被等包围着我的"身体—主体"时,我对抽象化、归纳化的科学认知总是第

① 张志国:《审美的观念——以胡塞尔现象学为始基》,第140页。
② [波兰]英伽登:《对文学的艺术作品的认识》,陈燕谷、晓未译,中国文联出版公司1988年版,第195页。
③ 滕守尧:《审美心理描述》,中国社会科学出版社1985年版,第61页。

二性的(试问:谁看到象鼻山首先想到的是"它是喀斯特地貌"而不是"它真美啊"?),我势必会首先把眼前这一景象通过我的想象能力,将其比拟化地看作是一头大象用象鼻在江水上饮水的景象。而这就是一种知觉想象,它是对本无任何寓意的眼前事物的一种形象性的"加工",并且这种想象是你只要处在某个特定的现象场中就会不由自主地产生的(当然对于脑海里从未有关于大象形象的人除外),它是与感知觉相伴而生的,二者并不存在割裂的认识论意义上的区分。对象鼻山的这种知觉想象就是对关于可感事物的形象特征所产生的感知觉进行的一种深加工,使感知对象其成为审美的表象。这也是所有的审美经验产生的审美意象的必经环节,即一种由感知到想象再到情感的过程。

除此之外,在审美经验中还有一种特殊的想象过程——创造性想象。在传统艺术审美中,创造性想象一般指"艺术家创作过程中的想象,它是脱离开眼前事物,在内在情感的驱动下对回忆起的种种形象进行彻底改造的想象"[①]。从艾布拉姆斯的"四要素"观点来看,"作者"通过创造性想象创作的"作品"为"读者"营造了一个"世界"出来。创造性想象被认作是作家在生产艺术作品时所运用的一种"技巧",其目的是要将读者的审美目光不仅仅集中在对作品上,还引导他们对由作品敞开的意义世界之发现。作者得心应手地运用这种想象的"技巧",会使得其作品不仅仅是文采优美而更富含一种对世界审美化的持续关注。而欣赏者却无须具备这种"天才式"的创造性想象能力,他只需要透过已被先行设置了"世界"于其中的"作品"进行一般性的理解与知觉想象就可以获得美的享受了。以卢浮宫三宝之一的米罗的维纳斯为例,其于1820年发现于爱琴海海滩的淤泥中,在被发现之初,其并不是被当作置入了"静穆的伟大"的古希腊世界的杰作而被看待的,甚至其不被看作是一艺术作品(而仅仅被当作一件古代文物)。其审美意义是经由艺术史家、艺术鉴赏家、艺术评论家等对其重新修复后,即是在"二次生产"后被赋予的。对此英伽登有描述:"维纳斯的'鼻子'上有一个斑点妨碍和损害了它统一的外观。这块石头也显得有点粗糙,有一些压痕,甚至在'乳房'上有一些小洞,似乎是被水侵蚀了,在左边'乳头'上也有一块'损伤'等等。我们在审美态度中(对维纳斯的理解是在这种态度中发生)忽略了所有这一切。我们仿佛没有注意到石像的这些细节,仿佛看到'鼻子'统

---

① 滕守尧:《审美心理描述》,第61页。

一色彩的形式,仿佛'乳房'的表明没有任何损伤。"①而如果没有这些"作者"通过创造性想象赋予作品以关于世界的意义,读者是无法将其与古希腊的伟大荣光关联在一起的。

但是,生态审美不同于艺术审美之处的重要一点就是在生态审美中并不存在一个先行被艺术家设置好的作品供人欣赏。即使是鬼斧神工般的自然美景,在一个不具备想象力的人的眼中也不过是一堆石头与草木的堆砌而已。在生态审美中,体验者是一个欣赏者的同时也是一个创造者,他必须独立地运用想象能力把普普通通的山水景观加工为可供审美的意象。这样,创造性想象能力在生态审美中的地位就显得十分重要了。如同天才作家运用天马行空的想象力构思作品一样,生态体验者也需要一定的创造性想象能力去构建生态世界的审美意象。这种构建建立在体验者丰富的生态感知体验之上,越是对不同生态景观进行不同的感知体验,越是能将关于对不同生态景观的视域融合在一起,而越容易构想出一个统摄这些视域的有机生态整体的显现,这也说明了为何在现实中往往是常年在户外工作的生物学工作者拥有超出常人的关于生态的审美体验。此外,生态审美经验中的创造性想象还有一点区别于艺术创作中的创造性想象,那就是在生态审美中无论怎样激发我们回忆、联想与对比等的想象方式,这种创造性想象永远也只是将自己生态体验、他人的生态体验黏合在一起;而不像艺术创作那样可以任由想象驰骋,将幻想等非实际经验也纳入到审美体验中。

生态审美直观中的创造性想象可以将自然环境中的此时此刻、此地此处的景色通过回忆联想、对比等一系列心理机能,构造出一个包含了彼时彼刻、彼地彼处的生态想象世界。例如,同样面对桂林山水,我们处在这样一个"象山水月"的现象场之中,我们的审美体验不能仅仅停留在想象大象饮水的样子上。我们还可以发挥我们的创造性想象能力,去思考"为什么桂林的山水甲天下"的问题。这时,我们就会回想起我们经历过的其他自然风光,比如将九寨沟、丽江等山水景色同桂林山水进行对比。我们也会在看到了南方的"水底有明月,水上明月浮"之后再去对比北方的"大漠孤烟直,长河落日圆"的景色。从这出发,再继续想象,我们甚至能从桂林山水的美景一直想到撒哈拉大沙漠、亚马逊热

① [波兰]英伽登:《对文学的艺术作品的认识》,陈燕谷、晓未译,第189页。

带雨林、西伯利亚荒原等等生态景观。所有关于这些自然景观的感知与想象总是处在世界视域的背景之中。"每一个世间的给予都是在地平线的情况中的给予,在地平线中包含着更广阔的地平线,最后,作为世间给予的东西的每一个东西,本身都带有世界的地平线,并且只是因此才被意识为世间的。"①这个由主体的意向性感知与想象构造出的"世界的地平线"(Welthorizont,也译作"世界视域")即是所谓的"生活世界",它是一切人类行为(包括科学认识与审美体验)得以展开的基础。在生态审美经验中,从对单独生态景观的身体感知过渡至对地球整个生态圈的一种宏观性的把握,便是创造性想象能力在生态审美直观中的作用:正是在这个意义上,生态想象将身体感知所产生的关于不同自然物体的视域有机地联系在作为一个整体的生态系统之下,弥合了生态审美体验中内在性与超越性之间的鸿沟,达到了多样性与同一性、在场与缺席、部分与整体的统一。

3. 生态审美直观过程分析

上述关于生态审美直观的描述与划分都是以心理学的角度进行的。而我们知道,生态审美体验是在人与自然环境互动所形成的现象场之内开启的,是一种体验活动,从心理学角度去剖析生态审美直观发生的过程只能是一种认识论意义上的表述,无法将其真正还原到生态审美体验这个圆融的过程中去。正如德国学者梅勒在《生态现象学》一文中指出的那样,这种认识论意义上对生态审美过程的分析是在"改变对自然的态度",其是"通过概念分析和规范论证"来让人们重新发现人与自然不可分离的关系。但还有让"人们试图回忆起和具体描述出另外一种对于自然的经验方式",这即是"生态现象学"的做法,其目的乃是试图"改变人与自然交往的方式"。"现象学让我们确立了一种新的'看世界'的视角与方法,这就为新的生态哲学与生态美学提供了基本的方法。"②现象学是以直接直观得来的对本质结构的洞察为原则,研究意识的意向性活动、意识向客体的投射、意识通过意向性活动而构成的世界的一种方法论性质的科学。施皮格伯格认为:"现象学方法的第一个目标就是扩大和加深我们直接经

① [德]胡塞尔:《欧洲科学的危机与超越论现象学》,王炳文译,商务印书馆2017年版,第327~328页。

② 曾繁仁:《再论作为生态美学基本哲学立场的生态现象学》,《求是学刊》2014年第5期。

验的范围。"①这意味着现象学以现实中的特殊现象为研究对象,要求我们的目光集中在"事物本事"而将对世界的自然态度在开始直观之前先"悬隔"掉,这对我们研究生态审美经验的启示便是:在体验之前我们应先将关于自然的一切信念、科学认知排除在外,而仅仅用我们的身心去感受自然。如同"感知"是现象学描述中最原初的意识行为(所有意识最终都可回溯至"感知"之上)一样,身体对自然环境的意向性感知也是作为生态审美经验发生的逻辑起点。感知虽然只是一种"当下拥有",但主体却可以变动自己的身体从而在不同维度中对同一事物进行感知(如盲人摸象一样),继而产生不同的感知体验。当我们身处于一个自然环境中时,被感知的自然事物不仅被包含在一个主体关于当下体验的"原印象"之中,而且还被包含在一个在时间上向前和向后延展的视域之中——一个以当下感知体验为中心,通过"时间性"将当下、过去与未来的所有体验合为一体的"体验流"。"自我可以从其任何一个经验出发,按在前、在后和同时这三个维度来穿越这一领域;或者换句话说,我们有整个的、本质上统一的和严格封闭的体验时间统一流。"②这意味着,当我们围绕着一个自然物进行身体感知时,我们总是将我们过去关于自然的经验与我们期待将来得到的体验同在场的这个感知物的体验融合在一起,我们是在这样一个包含了过去、现在和未来的三重视域下来对自然进行体验的。

以我们对一个生态瓶(Eco bottle)的感知为例:"生态瓶"是将少量的动物、植物与微生物等置入一个封闭的容器中从而分别使这三者充当生态循环中的消费者、生产者与分解者的一个微型的自给自足的生态系统。抛开这一概念,我们对其的感知总是关于具体某物的感知,无论这事物是鱼、水藻还是瓶底的沙土,它都是一具象、感性的存在,而作为抽象的生态系统的"生态瓶"却超越在感知之外而必须以直观的能力才能被把握到。以对鱼的观察为起点,我们会在透明的瓶中发现一条可随意在花鸟鱼虫市场上见到的红色的金鱼,它在水中游曳着。我们可以从不同视角、不同时间段对这条金鱼进行观看,这些行为构成了我们对其进行感知而产生的一系列体验。每个对金鱼的观看都与过去时段对金鱼的感知构成了一个时间流。"即是说,如果我们考察每一瞬间的完整感

---

① [美]施皮格伯格:《现象学运动》,王炳文、张金言译,第890页。
② [德]胡塞尔:《纯粹现象学通论》,李幼蒸译,第239页。

知,那么这个感知仍然具有各种关联,因为在它之上会包含着一个确定或不确定的意向组合,它们继续延伸并且在运用时从各个感知中得到充实。"①在一系列的体验中,串联起我们对这条金鱼的一个显著的视域焦点便是:为何这条金鱼在一密闭的空间中可以生存这么久而无需喂食或给氧?

以现时的对游弋的金鱼的感知为基础,我们期待它在未来时间中仍可以这样继续存活,这种期待正式建立在我之前对金鱼存活状态的无数次确认之上。"我不会期待我所自由臆想出来的东西出现,但我会期待将'从自身'而来的东西。"②但这里的"自身"却不是金鱼的"自身",我们通过将金鱼与瓶中其他事物进行"当下化"的直观便会发现这个"自身"——水藻通过射入瓶中的阳关而进行光合作用继而生产氧气,金鱼呼吸着水中的氧气并以水藻为食,它落入瓶底的泥沙中的排泄物又成为泥沙中微生物的食物,微生物通过分解作用又为生产在泥沙里的水藻提供了必需的矿物质,这一整体构成了一个循环系统。我们对金鱼的观察不是一个感性的、个体的直观,通过不断变换视角,通过意识中回忆与期待与现时的感知合为一个体验流,我们便在一瞬间"看"到了生态瓶中各事物的关系性存在。这种生态关系正如康德所言:"在其中一切都是目的而交互地也是手段。在其中,没有任何东西是白费的,无目的的,或是要归之于某种盲目的自然机械作用的。"③而这也意味着,通过对"生态瓶"的感知,我们是可以直观到一个生态系统的存在的。"在从一个把握到另一个把握的连续性进程中我们现在以某种方式也把握住了作为统一体的体验流。我们并未将其作为一个单个体验来把握,而是以一种康德意义上的观念的方式来把握。它不是某种被偶然假定着或肯定着的东西;它是一种绝对无疑的所与物。"④这种统一已经超越了感知对事物的"当下拥有",其不仅仅是"身体—主体"在自然环境中对某一单个的生态因子的体验,而是将该感知因素与其他在当下未被觉察到的生态因子联系在一起,在回忆与期待的"当下化"中作为整体性的生态系统的显现。作为在一特定的时空内生物与生物、生物与环境构成的有机整体,生态系统不是一个可以被感性知觉的存在,而对"生态系统"的领悟也不是通过对大量

①　[德]胡塞尔:《内时间意识现象学》,倪梁康译,商务印书馆2014年版,第156页。
②　参见倪梁康:《胡塞尔现象学概念通释》,第159页。
③　[德]康德:《判断力批判》,邓晓芒译,第238页。
④　[德]胡塞尔:《纯粹现象学通论》,李幼蒸译,第240页。

自然事物的观察后进行的一种归纳,而是在环境体验中,由身体感知到生态想象的一个直观过程。在对金鱼、水藻、水、沙土的不断变换组合的"观看"中,我们如同在对红色的吸墨纸中发现"红"本身一样,也直接"看"到了这个微型化的水域生态系统的存在。但不同于胡塞尔将这种统一视为主体意义上的"先验构造",也不同于康德将这种有机统一视为主体意义上的"目的判断力"的能力,我们认为这一作为有机联系的生态系统乃是一客观存在的对象。不仅如此,其还是作为一个更大的客观有机体——地球生态圈的有机组成部分而存在。

从对一个"生态瓶"的发现,到对一个我们自身所处人工生态系统的发现,再到对一个包含了若干生态系统的景观生态发现,最后到对我们与所有生物共在的地球生态圈发现,乃是主体通过其类比与联想的能力,不断在"意向上指明着与自己有别的不同之物以及与自己相合的相同之物"的直观活动。在游览桂林山水时,如果我们注意到的只是此时此刻的山水风光,如果我们只是被眼前的青山绿水、蓝天白云及江上的竹筏游人而吸引的话,那我们此时对喀斯特风貌的审美体验就是属于"自然美"范畴的研究对象,我们并不需要对生态系统的直观能力就能领略这种属于此时此刻、此地此景的旖旎风景。而另一方面,我们也可以从不同的生态系统类型出发,将当下的自然体验与未被现时经验到的所有自然体验融合在一个整体性的视域之下——将桂林山水同这个世界上其他类似山清水秀的景色(如九寨沟)和区别于这种绿水青山的其他生态景观(如撒哈拉沙漠)联系起来,我们的直观能力就可以通过联想和类比将这些"自然风景"综合统一在当下的审美感受中,继而形成对地球生态圈的完整视域。这种从个体到对整体的发现可以通过一个人工试验来说明:1992 年在美国亚利桑那州的沙漠中建立的"生物圈 2 号"(Biossphere)乃是一个占地 12000 平方米的模拟地球生态循环的人工装置,而其之所以被命名为"生物圈 2 号",也是因为设计者视地球自身为"生物圈 1 号"。从这一人造景观中,我们可以理解作为整体视域的生态圈的存在与显现——当进入这个人造工程的内部后,我们会发现其 80% 的空间是由不同种类的自然生境构成,这其中包括沙漠、沼泽、草原、热带雨林乃至海洋等不同的小型生态系统,在其中分布着从不同大洲引进的 4000余种动物、3000 种植物以及 1000 种微生物。此外,其内部还有 16% 的空间是人类活动区域,包括 2000 平方米的集约农业区以及 1000 平方米的居住区。自然区、耕作区和发展区的空间分配之所以是这样,是因为其参考的乃是美国国土本身的构造比例,可以说,其就是作为一个模拟地球生态的小型星球式的存在。1991～1993年,8名志愿者在这一封闭空间中生活超过了21个月。在这期间,他们的生活生产全靠自给,他们生存所必需的食物、水、氧气等物质资源全部依赖于这个小型生态圈本身的产出,志愿者每天必须花费约45%的清醒时间用于种植和准备食物,25%的时间用于维持和修复设备,20%的时间用于通讯,5%的时间用于小型研究项目,几乎没有时间用于消遣和娱乐。在这一"迷你地球"中,生活在其中的人们很容易意识到万事万物乃是作为一个整体而被有机联系在一起的:在生活区中耕作农作物时,你可以用相似性的经验去类比小麦与草原生态系统中草本植物生长的异同,你也可以在这种相似的联想之后发现沙漠生态系统与这前两者的迥然不同之处。但通过不断的联想,你最终会在这些相异中发现一种共同拥有的相似的存在。以水循环为例,虽然在不同生境中水资源的构成比例与重要程度都不尽相同,但水资源却是作为一个整体而存在于生物圈2号之中——你的生活用水可能经过一系列的处理而最终被用于灌溉沙漠中的植被,而你的饮用水则可能是从热带雨林中的降水采集和过滤而来,整个设施中任何对水循环的一个微小调节都有可能影响整个生态圈2号中人与其他生物的生存平衡。① 从对生物圈2号中的水循环的发现开始,在对比不同人造景观与环境的类比和联想中,我们的意识在不断地构造着与当下自身体验的非现时的其他经验与此经验的相似之处。从这些不同的生态系统中发现大自然的相同之处,就是超越当下感知体验的视域而与其他经验视域进行视域融合的直观过程。"通过在时间和空间上对视域的不断获得、不断积累和不断扩展,一个在时间和空间上连续伸展的'一个关于同一之物的唯一的、开放无限的经验',亦即在历史和现实世界意义上的'世界视域'可以对我显现出来。"② 在对不同自然风景与生态系统的感知视域之上,是作为整体视域对这些纷繁复杂的自然现象进行有机统摄的生物圈2号的存在。

　　因为生物圈2号在可见、可感知的范围内,所以我们可以很容易地将其视作一个生态整体;而地球作为一个直径为12756千米的巨型生态整体,是超越

---

① 事实上,在生态圈2号与生物的生存息息相关的所有生态因子中,氧气与二氧化碳之间的平衡是影响该实验持续时间的最大因素。在志愿者无以为继而被迫走出这个封闭系统时,氧气的缺失往往是最后实验失败的终极原因。

② 参见倪梁康:《胡塞尔现象学概念通释》,第555页。

于我们的感知范围之外的,因而只有运用直观能力才能使得我们对自然景观或孤立自然物的感知过渡至对"生态圈"的宏观把握上来。一个人如果缺乏这种生态审美直观的能力,那么眼前的山水对其来说也仅仅是"风景如画"的美感,其无法从眼前美景"看"到一个包含了眼前自然物与天下所有自然物在内的和谐统一的生态世界在其背后的存在。反之,一个人对自然的体验越丰富,越是体验过不同的生态景观与自然风光,那么他的生态审美直观能力所能联想和类比的"材料"就越丰富,通过这种生态想象其就越能体会到生态圈的和谐之美,这也说明了为何只有像梭罗、利奥波德这样常年与大自然拥抱接触的作者才能谱写出像《瓦尔登湖》《沙乡年鉴》等这样伟大的生态诗学篇章。

"生态美"是将"自然美"或"环境美"融合在一个世界视域下而对当下事物产生的一种体验,离开这个作为世界视域而存在的地球生态圈就无从谈论所谓的"生态美"。正如胡塞尔所言:"一个经验世界作为一个连续的统一体贯穿于我们的醒觉时的生命。虽然我们时时刻刻更新着知觉,而且单独来看时,永远是新的特殊的被知觉者;但一般而言,一切的一切都结合在一起,我们并未对一个显而易见的经验统一体增附任何东西,而且甚至是,我们在对其统观之际必须说,一个世界出现在一个经验里,出现在一个单一的、将一切知觉和回忆结合到一个流动的经验中。"①为了把握作为世界视域的生态圈,我们必须从对具体的自然物的身体感知开始,但不能忽视关于被经验物的感知总是围绕着一个视域而展开,在其之上还有作为普全世界的整体视域。通过生态审美直观,我们可以从对具体自然环境的感知过渡至对整个地球生态圈的宏观把握,通过将当下被感知物与其他经验联系起来,通过回忆、期待、类比和联想的作用,我们可以在异质性的不同的自然环境审美中寻找出超越于它们之上的相同性,而后我们便会在这个普全视域之下领略到生态圈中和谐统一、万物竞自由的美感。

第四节 审美直观的案例分析

在生态审美经验中从身体感知具象自然物的现象场出发到从具体感知物

---

① [德]胡塞尔:《现象学心理学》,李幼蒸译,第44~45页。

上升至对生态整体世界的审美直观过程,乃是一个由一片树叶构建出一个花草鸟兽、鸢飞鱼跃、冬枯夏荣的生态世界的过程。正如胡塞尔所言:"每一视觉场和注视场均有一开放的外视域,后者并不与该经验相分离。此外视域包括相关于意识的可能经验连续体,在其中视觉场联结着视觉场,经验场联结着经验场,它们共同结合为经验的统一体,以至于可以正确地说,同一个世界是连续地被经验的,但是永远只有世界中的此一或彼一个别域特别地及'现实地'被经验到;但我们可以继续前行,永远重新看到周围,以至于无穷无尽。"①生态审美直观让我们在看待某一自然物时,不再像机械唯物主义那样仅把它视作一个独立、割裂的客体,有了世界视域的背景,"每一可客观经验物并在一致性经验中作为客观存在者,因此即主体间可显示者,都只是作为世界中存在者才可设想"②。这意味着,在生态审美直观中,我们把眼前的自然物与背景中的自然界看作是一个整体,把人与自然看作是不可分离的合二为一式的共存于这个生态世界的一种状态。

奥尔多·利奥波德于 1949 年出版的《沙乡年鉴》,通过作者丰富的生态审美的体验与感悟,继而对"生态共同体""大地伦理"等生态整体主义理想作出了诗意的描绘。该书的《好橡树》一节就充分体现了审美直观能力在生态审美体验中的作用。在该部分文字中,利奥波德为我们描述了一棵生长在他的农场旁边的橡树从出生到死亡的成长历程,他以倒叙的写作手法,通过在锯木过程中对橡树的年轮的观察,以回忆与想象的手法描述了橡树的一生所经历的事情以及人类社会与自然界在这段时间内的变化过程:

> 从锯条中喷撒出来的碎小的历史末屑,逐渐在雪上,在每个跪在那里的伐木者的面前,堆积起来。我们觉得,这两堆锯末具有比木头更多的某种东西;它们是一个世纪的综合体的横切面;我们的锯子正沿着它走过的路,一下又一下,十年又十年地,锯入一个终生年表之中,这个年表是用这棵好橡树的具有同一圆心的年轮所组成的。

> 只锯了十来下,锯子就进入到我们开始拥有这棵橡树的时期。在这几年里,我们已经知道去热爱和珍惜这个农场了。突然,我们开始锯入我们

---

① ［德］胡塞尔:《现象学心理学》,李幼蒸译,第 71 页。
② ［德］胡塞尔:《现象学心理学》,李幼蒸译,第 75 页。

的前任——那个贩私酒者的年代了,他恨这个农场,榨干了它最后所残留的一点地力,烧掉了它上面的农舍,把它扔给县里去管理(另外还欠着税),然后就在大萧条中的那些没有土地的隐姓埋名者中消失了。

……

我们锯到了树心。我们的锯子现在又返回到历史长河的顺方向;我们倒溯了许多年,现在又向树干外面那较远的一边锯过去。终于,在这棵巨大的树干上出现了一阵颤动,锯缝突然变宽,锯子被迅速抽出来,拉锯者们向后面的安全地跳去,大家拍着手欢呼着:"倒啦!"我的橡树歪斜着,吱吱嘎嘎地响着,终于伴随着震撼大地的轰隆声栽倒,横卧在那条曾赋予它生命的移民道路上。

……

在我默想这一切时,水壶在歌唱着,那棵好橡树已在白灰上烧成了红色的炭块。这些灰,当春天来到的时候,将被我运回到沙丘下的果园里。它们大概会作为红色的苹果,或者可能作为一种在某只硕壮的十月份的松鼠身上所表现的干事业的精神,返回到我这里来。这只松鼠,出于许多它自己并不知道的原因,正聚精会神地种植着橡实。①

橡树的一生经历了从近及远的不同的时代——作者的时代,贩私酒者的时代,20世纪20年代,"'排水梦的10年',以及19世纪的半个世纪的时代",它是"一个世纪的综合体的横切面"。② 所有关于这颗橡树的"回忆"都不是作者所亲历的(事实上,作者刚搬到这个地方没多久),作者只是根据美国社会的发展史、根据威斯康利的自然开发史想象并构造出了橡树的一生历程,他为我们描绘了沙乡由田园牧歌景象到工业文明建设景象再到作者现时代重返自然景象的一幅历史长卷画面。作者用直观的方式为我们构建了一个历时性的生态世界,在这个世界中发展的主线是人类活动与自然性之间的关系。在此,他并没有亲身经历诸如伐林种田、大规模的捕猎等历史活动,但却通过联想向我们生动地展现了一个人类与自然既冲突又依存的世界,这正是他沿着橡树年轮的视域,用生态审美直观构造出了橡树所在的生态世界所发生的一切景象。正是

---

① [美]奥尔多·利奥波德:《沙乡年鉴》,侯文蕙译,商务印书馆2016年版,第9~19页。
② [美]奥尔多·利奥波德:《沙乡年鉴》,侯文蕙译,第9页。

在作者构建的这个生态世界里,我们体会到了橡树对人的意义、自然对人的意义,我们了解了人不能凌驾于自然之上,而应与自然和谐共处(如作者所言,早饭不是来自于杂货铺,热量不是来自火炉,它们都取之于自然)。面对一棵被雷电劈死的橡树,如果我们缺乏审美直观的能力,那么它只是一堆还没被砍伐的木材,而如果我们像作者一样,用想象去构建一个属于橡树的生态世界,我们就会"哀悼老橡树的逝去。但也知道,它的许多在沙丘上挺立着和耸入高空的后代,已经接替了它的制木工作"。我们才能以生态的眼光重新审视关于橡树的枯荣对于自然以及人类本事的意义之所在。

以自然环境中的身体感知为起点,我们对自然的态度既能走向一种科学化的观察行为,也能进行一种功利性的开采活动,同时也有可能产生一种生态式的审美体验。"全部知识都处于由知觉开启的那些视域之内。"[1]而让我们对自然环境产生审美化的体验而非功利性的其他活动,就必须经过生态审美直观这个中介环节。生态审美直观把现象场中的自然景物视为一种带有世界视域背景的经验,其通过回忆、期待、联想和类比等手段将当下的自然体验与其他的自然经验共同融合在一个视域之中,从而在整体上构成了一个完整的生态世界。正是在此种意义下,生态审美直观解决了身体感知关于自然事物的内在性与超越性之间的悖论,使得由对特定的生态因子的身体快感式的感知上升到对整体宏观的生态世界的领会。可以说,生态审美直观从具体的自然美景出发,为我们构建了一个生态世界,而生态美感的产生则必然根植于对这个生态世界的把握之上。

---

① ［法］莫里斯·梅洛-庞蒂:《知觉现象学》,姜智辉译,第240页。

第五章
生命体验在生态审美经验中的最终显现

　　胡塞尔的现象学直观地为我们展示了意识的两种构造：其一，它可以将散乱的感觉材料综合为统一的对象客体，这是感知的作用。知觉提供了一种典型的意识类型，在一个视域中某个被意向的东西被充实。被知觉物是由眼前所看到的侧面与背后隐藏的诸侧面所构成的一个统一体。作为整体的被知觉物虽然总是以一个侧面展现于我的眼前，但我的意识却有能力将关于该客体的诸多侧面"视作"一个客体而存在。其二，我们的意识还会将它自己构造起来的对象设定是在它自己之外存在着的，这是想象的作用。想象或者叫"自由想象变异"为我从对个别事物的"看"而转型对事物的本质直观提供了方法，从当下知觉开始，通过不断在意识中变换被知觉物的组成部分的同时察觉这种替换中不变的构成，借助视域融合，我所意向的经验物作为一个与其他客体发生联系的对象而被意识直观到。与此同时，我的意识通过在时空中对视域的不断积累与扩展，一个包含了该被感知物在内的一个唯一、开放的统一性也向我显现出来。

　　问题是：什么东西为这种直观奠定了哲学的本体？什么东西赋予了意向性体验以意义？这一问题不仅涉及现象学还原到最后，对本质的解答，而且还涉及作为一哲学流派的现象学对"存在"是什么问题的回答。胡塞尔本质直观的方法的革命性便在于,他认为对存在的领悟不需要在感性知觉基础之上进行理性归纳演绎,通过一种直观的方法我们也能直接"看"到事物的存在本质。但与西方哲学传统视"存在"为系动词"Being"一样,胡塞尔的真理观仍将存在视为具有作为结构的客观现象在主体意识领域的构成与显现。"对于晚年的胡塞尔来说,'存在'仅仅是为意识而存在的,实际上,离开了它通过这种意识的赋予活动而接受的意义,'存在'就什么也不是。"①胡塞尔认为自然主义将认知看作是发生于自然界的事实过程的做法不足以回答认识如何可能的问题,通过诉诸意向性概念对古典经验论立场的逆转,胡塞尔认为"先验自我"才是唯一形成内容实体的抽象概念。对于胡塞尔而言,不存在先验主体外所不能意识到的"自在",一切现象就是主体意识内的"自在"。因此,胡塞尔的直观最终不是对人类生存于其中的世界的发现,而是对由主体意识构造出的一个世界的发现。"因此,对于胡塞尔来说很显然,对世界的真正理解就意味着:回到世界本身在意识成就中的起源,从这个起源出发来理解世界。"②虽然胡塞尔在生前未出版的《欧洲科学的危机与超越论的现象学》一书中提出了"生活世界"的概念,主张世界的主体间性、文化和历史性的构成以克服其哲学的唯我论色彩,但遗憾的是这一努力在其生前并未完成。

从前两章的论述中我们知道,生态审美经验的起点是作为"身体—主体"的我的身体对具象的自然环境所进行的意向性感知,在这一围绕着我—环境的知觉现象场中,我对某一自然物有了初步的感知印象并获得初级的身心愉悦的快适感,这种体验或许构成了环境美学的美感体验基础,但还没有上升成为一种生态美感。从对一自然物的身体感知出发,通过视域融合,我可以将当下对此时此刻、此地此景的经验同彼时彼刻、彼地彼景的经验以想象的方式结合在一起,通过回忆、期待、联想、类比的作用可以从这些对不同的自然环境的不同的经验中把握住在它们的差异化之中的同一性存在。如同在对红色吸墨纸的感知中直观到"红"本身一样,在这一瞬间我也在一种审美直观中领悟到了作为一个统摄所有环境体验的生态世界的显现,这便是审美直观在生态审美经验中将对具体自然环境的感知过渡至对生态整体把握的作用。

在这里,审美直观的理论构建参考了胡塞尔本质直观的相关论述。对此,

---

① ［美］施皮格伯格:《现象学运动》,王炳文、张金言译,第188页。
② 倪梁康:《胡塞尔现象学概念通释》,第553页。

胡塞尔直言道:"现象学的直观与纯粹的艺术中的美学直观是相近的;当然这种直观不是为了美学的享受,而是为了进一步的研究,进一步的认识,为了科学地确立一个新的哲学领域。"①出于为认识论提供崭新的哲学方法的需要,胡塞尔将为本质直观奠定视域背景的"世界"视为一种在主体先验意识中构造出的全部现象的总和;与此不同,我们认为生态审美直观中对一个普遍联系、万物竞自由的生态世界的领悟不仅仅是在我脑海中的一个主观构造,与此相对应在客观中实存着一个有机的地球生态圈将我与所有对自然环境的体验共同包含在它的普遍联系之下。换言之,生态审美经验中的审美直观对生态世界的发现不是胡塞尔意义上的对生态圈的一种认识,而是在情感性的体验中对我身处其中的生态世界之存在的一种把握。这种对所有的自然景物在生态世界中、我在生态世界中的领悟更类似于海德格尔关于"此在"的"在世之在"(Being-In-The-World)的存在论展开。与胡塞尔视存在为"对象—存在"不同,海德格尔直接将存在理解为世界,是"在中存在"(In Sein),其将胡塞尔的认识论现象学直观转变成为"生存论—存在论"对存在者揭示的直观。"海德格尔的现象学展开的领域是人在世界中的实际生存活动。他所要直观的对象不是事物在意识中的显现,而是事物在人的生存世界中的展现。或者说,海德格尔与胡塞尔一样坚持现象直观,但是他们直观的现象不同,一个是意识活动中的现象,一个是存在活动中的现象。"②在这种意义上,我们认为生态审美直观对生态世界的发现不是胡塞尔式的认识论直观,而是一种海德格尔式的存在论直观,只有在存在论的视域中,对"我在生态世界中存在"这一事实的发现才能引起一种生态美感的生发而非走向对生态圈的科学认知。

第一节　海德格尔与生态美学的确立

1. 从"生活世界"到"此在"的"在世之在"

对于胡塞尔而言,现象学的目的之一就是寻找一切知识的"根源"或"起

---

①　倪良康编译:《胡塞尔选集》下卷,第1203页。
②　王茜:《现象学生态美学与生态批评》,人民出版社2014年版,第64~65页。

源"。通过将自然态度以及所有前提观念通过加括号的方式悬搁起来，最终得到一种"没有前提的"（voraussetzungslos）哲学，其可以为一切科学奠定逻辑意义上的基础，便是胡塞尔希望现象学能够做到的事情。抱着这个初衷，胡塞尔回到了笛卡尔"我思故我在"的思路。和笛卡尔一样，胡塞尔开始探寻意义行为最根本基础的阿基米德原点。他认为只要找到了认识论中这一不可再被"还原"的基点，一切认识活动（包括科学认识）就有了坚实的哲学基础，而现象学作为元哲学也得以成为严格科学意义上的本体论，其为建立在它之上的部门哲学以及科学奠定了逻辑基础。通过回到"事物本身"，胡塞尔认为我们能够直接从现象中直观事物的本质，"但是，在用他的新的现象学分析挖掘这些现象的根源的过程中，在努力为他的信念提供充分的、严格可靠的说明过程中，胡塞尔日益确信，这些根源处于更深层，就是说，处于这些现象对之显现的认识主体的意识之中，也就是处于他后来称作'超验主体性'的东西之中"①。这种极具争议性的从"对象"转向"主体"正是他未完成20世纪哲学由"认识论"向"存在论"转向的重要原因之一。

具体来讲，他赞同笛卡尔将"我怀疑"（Ich zeweifle）预设为"我存在"（Ich bin）的做法；但他却不认同笛卡尔将自我看作是一个实体性思维者的做法，"我思"只能表明一个思维着的我存在，却不能推导出一个实体化的"我"的存在，不能将"思的我"默认等同于"我"。与此相对，胡塞尔强调还原的无前提性，"我思"活动到最后指向的是作为先验主体的自我意识而非实体化的我。"意识本身具有固定的存在，在其绝对的固有本质上，未受到现象学排除的影响。"②"正是通过这样做，作为一个正在沉思的我才获得了我的伴随着纯粹体验和所有纯粹意谓性的纯粹生活——即现象学意义上的现象整全……通过它，我才领悟到自己是具有本己纯粹意识生活的我，领悟到整个客观世界是在这种意识生活中或通过它而为我所存在的。"③这样，胡塞尔便转向了一种对先验现象学的理论构建中，对此时的他而言，本质直观到最后就是对所谓"先验自我"而非"世界"的发现。"事实上，纯粹自我和它的我思活动的存在，作为一种自在地在先的存在，是先于那个我一向在谈论而且能够谈论的世界的自然存在的。自然的存在

---

① ［美］施皮格伯格：《现象学运动》，王炳文、张金言译，第127页。
② ［德］胡塞尔：《纯粹现象学通论》，李幼蒸译，第116页。
③ ［德］胡塞尔：《笛卡尔沉思与巴黎演讲》，张宪译，人民出版社2008年版，第57页。

基础从它存在的有效性来说,属于第二性的东西。它常常要以先验的存在作为前提。"①

作为先验的自我意识因为它不需要依赖任何他物而就被我在现象学还原后直接看到,所以是绝对的存在;与此相对,世界却是完全依赖于"我"的意识而存在的。"因此,关于存在论述的一般意义被颠倒了。这个存在首先是为我们的,其次才是自在的,后者只有'相对于'前者才如是。"②这当然不是在时间发生的顺序上说世界后于先验自我而产生,否则其就是黑格尔"绝对精神"从客体到主体的唯心主义,事实上去掉对自然世界所加的"括号",世界依然存在,世界仍为我们所感知体验,我们仍能对世界产生科学的认知等等。胡塞尔只是从认识论的逻辑顺序上为我们说明了世界的意义需要一个在其之前的绝对意识向其赋予:"一切实在的统一体都是'意义统一体'。意义统一体预先设定一个给予意义的意识,此意识是绝对自存的,而且不再是通过其他意义给予程序得到的。"③从这个意思出发,胡塞尔的先验现象学避免了一种主观唯心主义,但其将所有关于世界的阐释意义都归为自我意识的做法还是使其哲学不可避免地陷入了唯我论的泥淖中。

或许是意识到了这种危险,胡塞尔在其晚年又相继提出了"主体间性""生活世界"等概念来弥合自我与他我、自我与世界之间在认识论上的鸿沟。其中,"生活世界"(Lebenswelt)又因包含了历史性、文化性的因素能将共在的"我"们包含在内而更具有本体性。在《欧洲科学的危机与超越论的现象学》这部手稿中,胡塞尔直言道:"在我们的超越论哲学的框架内,生活世界本身就变成了纯粹超越论的'现象'……在这种悬搁中,我们总是能够自由地将我们的目光始终一贯地仅仅指向这个生活世界,或者说,指向它的先验的本质形式。"④学界对于胡塞尔思想从"先验自我"到"生活世界"的转向有两种看法:一是断裂说或重心转移说,持此观点的学者认为胡塞尔对这两个概念不同程度的突出,表明其前晚后期哲学研究存在着巨大差异——早期着力于纯粹意识理论的构造,后期

---

① [德]胡塞尔:《笛卡尔沉思与巴黎演讲》,张宪译,第58页。
② [德]胡塞尔:《纯粹现象学通论》,李幼蒸译,第156页。
③ [德]胡塞尔:《纯粹现象学通论》,李幼蒸译,第170页。
④ [德]胡塞尔:《欧洲科学的危机与超越论的现象学》,王炳文译,商务印书馆2017年版,第219~220页。

则致力于解决生活实践的问题。二则是一体说或完善说，持此论点的学者认为这两个概念的使用统一于胡塞尔关于"哲学作为严格的科学"的哲学观下，前后说法的不同只是为了更好地贯彻这一哲学观。在这里我们认为无论怎样看待二者的关系，无可否认的是，从"先验自我"到"生活世界"的提出标志着胡塞尔哲学从认识论到本体论或者实践论或者存在论的一个明显过渡。对此，胡塞尔直言道："生活世界对于我们这些清醒地生活于其中的人来说，总是已经在那里了，对于我们来说是预先就存在的，是一切实践（不论是理论的实践还是理论之外的实践）的'基础'。世界对于我们这些清醒的，总是不知怎么实践上有兴趣的主体来说，并不是偶然的一次性的，而是经常地必然地作为一切现实的和可能的实践之普遍领域，作为地平线而预先给定的。生活总是在对世界的确信中的生活。"①

但值得注意的是，"生活世界"虽然看似使胡塞尔的现象学超出了"先验自我"的限制而通达至一个更为广阔的存在论空间，但胡塞尔却仅在生前的一次演讲中表述过这个论题（其收录在1936年《哲学》杂志发表的《危机》一书的第二部分中，而直到1940年《危机》一书全文才有他的助手兰德格雷贝以英文出版）。真正使哲学界接受并深入讨论这一思想的开端，则还要推后至1945年梅洛-庞蒂在卢汶的胡塞尔档案馆看到其原稿并在《知觉现象学》一书中对其推崇备至之后。虽然梅洛-庞蒂认为："现象学……在它看来，在进行反省之前，世界作为一种不可剥夺的呈现始终'已经存在'，所有的反省努力都在于重新找回这种与世界自然的联系，以便最后给予世界一个哲学地位……胡塞尔在他的晚期著作中提到了一种'发生现象学'，乃至一种'构造现象学'。人们是否想消除这些矛盾，区分胡塞尔的现象学和海德格尔的现象学呢？但是，整部《存在与时间》没有越出胡塞尔的范围，归根结底，仅仅是对'natürlichen Weltbegriff'（自然的世界概念）和'Lebenwelt'（生活世界）的一种解释。"②但这真的是胡塞尔生前最后岁月里所要表达的原意本身，还是梅洛-庞蒂经过自己存在主义的改造而进行的阐释学意义上的再解读，这个问题已不是我们关心的焦点，其有待于胡塞尔专家们对大量未出版的胡塞尔手稿继续研读。我们只需了解，从"先验自

---

① ［德］胡塞尔：《欧洲科学的危机与超越论的现象学》，王炳文译，第180页。
② ［法］莫里斯·梅洛-庞蒂：《知觉现象学》，姜志辉译，第1~2页。

我"到"生活世界",或者说在哲学上从认识论到存在论的转向,在胡塞尔那里仍是一个未完成的状态。终其一生而言,胡塞尔将对"纯粹的自我和纯粹的意识"的发现称之为"奇迹之中的奇迹"。正如施皮格伯格评价的那样:"对于胡塞尔来说,主要的秘密不是存在本身,而是这样一个事实:即在这个世界上有一种东西,它作为一种存在物意识到自己的存在而且又意识到其他的存在物。"胡塞尔对主体的人的这种领悟已经有了海德格尔"对存在的领会本身就是此在的存在的规定"的意味了,但是"对于这个奇迹的迷恋使胡塞尔越来越把重点放到现象学的主观方面,并且从'客体'转向实存着的自我的主观性"①。对"先验主体"迷恋般的追求最终使胡塞尔与哲学的存在论转向失之交臂,而从"意识"转向"存在"的哲学交接棒也必须从胡塞尔那里传到海德格尔手里才能推动现象学继续向前发展。

在《我如何走向现象学》一文中,海德格尔认为胡塞尔的"先验现象学""有意、决然地"移向了"传统近代哲学",但现象学通过将"意识体验"划留为自己的专题研究领域而使得它比传统认识论哲学"取得了更原始更普遍的规定性"。不同于胡塞尔把现象看作是依赖于主体意识的中立性的"纯粹现象",海德格尔以他特有的词源学考察方法道明了他对现象学的看法:首先,"Phänomenologie"(现象学)一词是由"phainomenon"(现象)和"logos"(逻各斯)组成,因而"现象学"就不是胡塞尔新近发明的一个概念,相反,其拥有悠久而漫长的历史。接着,海德格尔就从"现象学"一词的历史意涵演变考察出发,提出了自己对现象学的见解——据他的考证,现在被译为"现象"的"phainomenon"来自于古希腊语中的"phainesthai",作为动词,它的意思是"显现""让自身显现",继而"phainomenon"就不是"现象"的意思,而应是"显现者""自我显现者"的意思。而诸现象就是大白于世间或能够带入光明中的东西的总和,希腊人有时干脆把这种东西同存在者视为一事。② 而"logos"则是西方哲学的核心概念,抛开哲学史对它赋予的各种定义与其所承载的内涵,海德格尔认为逻各斯本意就是让人看某种东西,让人看话语所谈及的东西。③ 这样,"现象"加"学"的"现象学"一词就意

---

① ［美］施皮格伯格:《现象学运动》,王炳文、张金言译,第 132 页。
② 参见［德］海德格尔:《存在与时间》,陈嘉映、王庆节译,第 34 页。
③ 参见［德］海德格尔:《存在与时间》,陈嘉映、王庆节译,第 38 页。

指:"让人从显现的东西本身那里如它从其本身所显现的那样来看它。"①而这就与"面向事情本身"的胡塞尔意义上的"现象学"是同一个意思了。但与胡塞尔不同,海德格尔认为现象的终极归宿不应在先验的主观性中去寻找,他拒绝接受一个与其他存在者相割裂,与存在脱离的"先验自我"。海德格尔认为,在现象的背后没有其他的剩余,胡塞尔的"先验自我"恰恰显示出了他的还原的不彻底性。但应成为现象学察觉的事物却有可能是隐藏不露的,"这个在不同寻常的意义上隐藏不露的东西,或复又反过来沦入遮蔽状态的东西,或仅仅'以伪装方式'显现的东西,却不是这种那种存在者,而是像前面的考察所指出的,是存在者的存在。"②"凡是如存在者就其本身所显现的那样存在者,我们都称之为现象学。"③对于海德格尔来说,存在论和现象学不是两门不同的哲学学科,而是分别从对象和处理方式的上对哲学本身的描述,二者互为表里:存在论只有作为现象学才是可能的,而现象学是存在者的存在的科学,即存在论。

既然在"现象学"与"存在论"之间画了等号,那么海德格尔需要阐释的就是如何以现象学的方法来论述存在的显现的过程,这涉及其对"存在"问题的根本看法:首先,海德格尔认为,像亚里士多德那样将"存在"(Sein,Being)视为最普遍的概念的看法是行不通的。作为普遍概念的"存在"意要统摄万物,它必须是一个像太阳或光明那样清晰明了的终极存在。但事实上,"存在"却是"最晦涩的概念",古今的哲学家都为"存在"伤透了脑筋却没有人能对它说出一个大概,而我们又怎么能指望一个晦涩的终极存在清晰地说明其他存在物的具体展开呢? 这就过渡到了海德格尔对传统形而上学方法对存在问题研究的批判,他认为传统的逻辑方法(即最近的属加种差的定义法)无法给予"存在"一个定义,因为"存在"乃是一个最高的范畴,我们不能再在此之外寻找用来描述它的语言。相反,海德格尔认为"存在"乃是自明的概念,当我们说"天是蓝的""我是快乐的"等时,"存在"已经在一切认识、命题中了,在对与存在者的关联中出现了。"我们不知道'存在'说的是什么,然而当我们问道'存在'是什么? 时,我们已经栖身在对'是'['在']的某种领会之中了,尽管我们还不能从概念上

---

① ［德］海德格尔:《存在与时间》,陈嘉映、王庆节译,第41页。
② ［德］海德格尔:《存在与时间》,陈嘉映、王庆节译,第42页。
③ ［德］海德格尔:《存在与时间》,陈嘉映、王庆节译,第41页。

确定这个'是'意味着什么。"①

　　"存在"总是存在者的存在,海德格尔的任务就是从存在者身上逼问出它的存在来。而世上竟有这样一存在者,它与其他存在者不同,它能够对"存在"本身发问,在这一疑问的过程中,隐蔽着的"存在"就已经以某种方式展开了,对"存在"之问已包含着对"存在之领会"这个事实。"就某种存在者——即发问的存在者——的存在,使这种存在者透析可见。作为某种存在者的存在样式,这个问题的发问本身从本质上就是由问之所问规定的——即由存在规定的。这种存在者,就是我们自己向来所是的存在者,就是除了其他可能的存在方式以外还能够对存在发问的存在者。我们用此在[Dasein]这个术语来称呼这种存在者。"②这样,对"存在"的追问就要以对作为"此在"存在的人本身加以适当解说才能得出答案,这便是海德格尔在《存在与时间》中由"基础存在论"到"一般存在论"过渡的构想。区别于胡塞尔将现象学用于对纯粹逻辑推演的做法,海德格尔认为现象学只有作为存在者存在的本体论才得以可能。正如施皮格伯格评论的那样,在海德格尔那里,"哲学本身不过是'以人的存在(Dasein)的解释学为基础的普遍的现象学本体论',根据这句话的意思,现象学就成了唯一的哲学方法"③。在这里,现象学已由胡塞尔对主体意识的分析方法转向了海德格尔对人的活动的可能性的阐释方法,这也标志着现象学运动由"认识论"向"存在论"的重要转折。对此,海德格尔直言道:现象学描述的方法论意义就是解释。此在现象学的逻各斯具有诠释的性质。通过诠释,存在的本真意义与此在本己存在的基本结构就向居于此在本身的存在之领会宣告出来。此在的现象学就是诠释学[Hermeneutik]。④

　　此在总是在"存在中对自己的存在有所作为",所以对此在的这种存在者的理解的关键就在于如何诠释他(她)的存在中展开;而只有理解了此在如何存在,海德格尔认为我们才能在此基础之上理解"存在"本身。对于"此在",海德格尔给出了两个特征:第一,此在的"本质"在于他(她)的生存,这一特质也可用萨特存在主义的著名口号"存在先于本质"来表述。这意味着人首先是在生

---

① [德]海德格尔:《存在与时间》,陈嘉映、王庆节译,第7页。
② [德]海德格尔:《存在与时间》,陈嘉映、王庆节译,第9页。
③ [美]施皮格伯格:《现象学运动》,王炳文、张金言译,第517页。
④ 参见[德]海德格尔:《存在与时间》,陈嘉映、王庆节译,第44页。

存、行动中展开,其次才是在哲学、科学中达到对自我的认知与定义。第二,此在总是"我"的存在,这也反映了海德格尔不用"生命"或"人"这种传统命名方式称呼"此在"这种对"存在"有着先行领会的存在者的缘由。我不是一个实体,由各种属性定义构成的承载者;也不是一个在"人类"种属下的一个典型化个体,其作用是反映着人的类存在的特质。进一步,海德格尔认为,以上关于"此在"的两个特质的描述都要从"此在在世界之中"的现象中得到阐释:"我们现在必须先天地依据于我们称为'在世界之中'的这一存在建构来看待和领会此在的这些存在规定。此在分析工作的正确入手方式即是在于这一建构的解释中。"①对"此在的在世界之中存在"这一结构的分析,可以从"世界之中""向来以在世界之中的方式存在着的存在者"和"在之中"三个层次进行:

第一,"世界之中"的着眼点在于对世界的诠释。这里的"世界"既不是传统认识论中关于全体客观事物的总和,也不是胡塞尔本质直观中世界视域作为一意识流在主体脑海中的显现。世界不是一个认识范畴,而是在人产生意识之前就已先行存在并与人在日常生活中发生关联的存在论概念。在《艺术作品的本源》一文中,海德格尔点明了他所指的"世界":"世界并非现成的可数或不可数的、熟悉或不熟悉的物的单纯聚合。但世界也不是一个加上了我们对现成事物之总和的表象的想象框架。世界世界化,它比我们自认为十分亲近的可把握、可知觉的东西更具存在特性。世界绝不是立身于我们面前、能够让我们细细打量的对象。只要诞生与死亡、祝福与诅咒的轨道不断地使我们进入存在,世界就始终是非对象性的东西,而我们人始终隶属于它。在我们的历史的本质性决断发生之处,在这些本质性决断为我们所采纳和离弃,误解和重新追问的地方,世界世界化。石头是无世界的。植物和动物同样也是没有世界的;它们落入一个环境,属于一个环境中掩蔽了的涌动的杂群。与此相反,农妇却有一个世界,因为她逗留于存在者之敞开领域中。"②

第二,"向来以在世界之中的方式存在着的存在者"认为作为"此在"的"我"不是一个孤立的主体,"此在的世界是共同世界。在世就是与他人共同在世"。这样,海德格尔的存在论就摆脱了胡塞尔"先验自我"的唯我论或贝克莱

① ［德］海德格尔:《存在与时间》,陈嘉映、王庆节译,第 62 页。
② ［德］海德格尔:《林中路》,孙周兴译,上海译文出版社 2004 年版,第 30～31 页。

式的主观唯心主义对于世界与他人的实存性质疑的困扰。

第三，"在之中"于最后决定了世界与在世界之中的存在者的特性，其表明了此在在世界之中的"本质性建构"。不同于"我在中国""我在地球上"这类在时空中将一个存在者归属于另一个存在者之内的后天经验的表述方式（相当于英语中的"in…"），"在世之在"在海德格尔看来是一种先天必然的状况——"'在之中'意指此在的一种存在建构，它是一种生存论性质……'之中'[in]源自 innan-，居住，habitare，逗留。'an'[于]意味着：我已住下，我熟悉，我习惯，我照料；它具有 colo 的如下含义：habito[我居住]和 diligo[我照料]……'我是'或'我在'复又等于说：我居住于世界，我把世界作为如此这般熟悉之所而依寓之、逗留之。"①生存论意义上的"在之中"寓意着"居住"，正是在此意义上，我们可以说海德格尔以他的现象学方法、存在论哲学为我们构筑了一个"人在生态世界之中"的生态审美观。

曾繁仁教授认为这种"此在"与"世界"的在世关系能够为人与自然的统一提供论据——"人与自然在人的实际生存中结缘，自然是人的实际生存的不可或缺的组成部分，自然包含在'此在'之中，而不是在'此在'之外。"②"此在"的"在世之在"在存在论意义上就意味着"世界"不是与我相对立的主、客两极，"世界"也不是一个供我在意识中直观的对象，"世界"从来与我都是连在一起的。从生态审美经验的角度看，以现象学直观方式所发现的生态世界并不是一个在我意识中的经验流或视域背景，它乃是一个实存的关联意义系统，其中既包含了作为审美主体的我，也包含了被我所感知的当下的自然美景以及那些处于感知之外的一切自然事物的总和，正是在这种关联之中，我才会对这一包含我在内的生态世界产生一种和谐统一且变化万千的美感。对此，曾繁仁教授更是直言道："生态性、人文性与审美性就在这种'此在与世界'的在世结构中得以统一。可见，'此在与世界'的在世结构成为生态存在论美学的关键与奥秘所在。"③

---

① ［德］海德格尔：《存在与时间》，陈嘉映、王庆节译，第 63～64 页。
② 曾繁仁：《生态美学导论》，第 283 页。
③ 曾繁仁：《生态美学导论》，第 287 页。

2. 海德格尔思想对生态存在论美学观的启示意义

曾繁仁教授认为这种"此在"与"世界"的在世关系能够为人与自然的统一提供论据——"人与自然在人的实际生存中结缘,自然是人的实际生存的不可或缺的组成部分,自然包含在'此在'之中,而不是在'此在'之外。"①这样,"此在"的"在世之在"就意味着生态世界与我不是对立的主、客两极,"世界"不是一个在"我"的意识中被直观的对象,"我"与"世界"从存在论角度来说从来都是关联在一起的。"海德格尔用'世界'这个概念向我们展示了人与自然的内在意义关联,他所说的世界是一个具有意义先行指引的、有内在同一性的存在空间,在人把自然事物当作打交道的对象之前,人和自然事物已经处在一个有内在联系的意义网络中了;而不是相反,不是因为人能把自然事物当作对象来处理,才在两者之间建立起了关联。在生活实践中,自然事物通过与人的上手性关系参与世界的内在意义构架,人和自然事物根据这种先行指引的意义关联找到了各自在世界中的位置。"②正是在这生态世界的关联域中,"我"对当下优美自然环境的愉悦感才能上升至对全体自然物表现出的统一和谐的美感。在这里,我们认为海德格尔"此在在世界之中存在"的存在论思想从以下三个方面为我们的生态美学理论构建赋予了启示意义:

首先,海德格尔"人诗意地栖居"理想为人的实践与文化提供了一种生态式的审美态度。有学者认为,世界"它本身不是一个存在者,而是从社会或文化的角度被构造起来的指引网络。在其中,存在者作为它们自身所是的具体类型的对象能够显现出来。因此,在与某种对象的任何具体遭遇之前,这个指引网络必定总是被摆出来。在一种具体的文化中成长,或者相反,开始进入一种具体的文化当中生活,这都涉及要努力学习从实践中把握概念、角色、功能和功能性的相互关系所构成的错综复杂的大网络。那种文化的居民在这个错综复杂的网络中和他们周围环境中的对象打交道"③。人对世界的理解与解释脱离不了其关于世界与自我的文化观念,不同的世界观产生关于世界的不同认识并形成

---

① 曾繁仁:《生态美学导论》,第 283 页。
② 王茜:《现象学生态美学与生态批评》,第 65~66 页。
③ [英]马尔霍尔:《海德格尔与〈存在与时间〉》,校盛译,广西师范大学出版社 2007 年版,第 58 页。

不同的人与世界的相处模式。"世界"可以是充满野性与魅魅的神秘自然,也可以是以机械运动为基础的无数客体之总和,还可以是人与其他生物和谐共生的有机系统,世界对于人的意义乃是一种基于文化的诠释行为。如前所述,海德格尔认为:"此在在世界之中存在"的"在之中"有"居住"的意思,其表示此在对其他上手事物的照料、对自身活动的操心以及对他人的交往。后期海德格尔又通过援引荷尔德林的诗句为这种在世之在提供了一种美学内涵——"充满劳绩,然而诗意地,栖居在这片大地上。"对此,海德格尔认为人的所有的劳动与活动都是文化,而文化又是"诗意地栖居"的结果。"栖居,即被带向和平,意味着:始终处于自由之中,这种自由把一切都保护在其本质之中。栖居的基本特征就是这样一种保护。"①保护意味着对大地的拯救,这种对自然的爱护不仅使自然、大地脱离危险,而且在于把自然物"释放到它的本己的本质"中去;栖居不仅在于使某自然之物归之于生态世界,更重要的是使人从现代技术的牢笼归之于自然生态式的本己生存中。正如曾繁仁教授所言:"'诗意地栖居',即'拯救大地',摆脱对于大地的征服与控制,使之回归其本己特性,从而使人类美好地生存在大地之上、世界之中。这恰是当代生态美学观的重要指归。"②

其次,海德格尔"天地神人四方游戏说"为生态美学奠定了生态整体观的存在论基础。在《存在与时间》等早期著作中,海德格尔将真理理解为在"世界与大地的争执"得以敞开的过程,他仍是以人为万物的尺度以及传统形而上学的语言来描绘"存在"的展开的,带有明显的人类中心主义色彩。前期的海德格尔期冀从"此在"的存在着手,通过对"此在"存在方式的基础存在论分析逐步过渡到探索"存在"本身意义的一般存在论;但到了后期,因为种种原因,他放弃了这种研究思路,继而转向了"不顾及存在者而思存在"。通过对艺术、语言的思考,海德格尔在成己的 Ereignis 中达到了对"存在"本身的思考与表述。其中很重要的一个观点是其在名为《物》的演讲中所提出的"天地神人四方游戏说",从壶的物性着手,海德格尔在这种"物之物化"(das Dingen der Dinge)中,重新定义了作为日月运行和群星闪烁的天、承受筑造庇护动植物的地、神性隐而不显的神以及终有一死者的人的四重统一的整体的世界:"天、地、神、人之纯一性

---

① [德]海德格尔:《演讲与论文集》,孙周兴译,三联书店 2005 年版,第 156 页。
② 曾繁仁:《当代生态美学观的基本范畴》,《文艺研究》2007 年第 4 期。

的居有着的映射游戏,我们称之为世界(Welt)。"①一般认为,生态美学的一个基本原则便是"不同于传统'人类中心'的生态整体哲学观"②,这意味着对生态审美经验的理解要从两个方面入手:一方面,从生态哲学观上来看,"生态"意味着人与自然的平等共存,自然既不是人类中心主义那里作为"人化的自然"的存在,也不是生态中心主义那里作为超越人类社会之上的独立化的存在。在"天地神人四方游戏"中,四方"从自身而来"又"统一起来",每一方都以自己的方式"映射"着其余三方,"在映射着游戏着的圆环的环化(das Gering)中,四方依偎在一起,得以进入它们统一的、但又向来属己的本质之中。如此柔和地,它们顺从地世界化而嵌合世界"③。另一方面,从审美属性来看,审美经验总是属于人的主观精神方面,因而人的存在同其他存在者相比较又具有一定的优先地位。拥有有限生命的人才懂得对世界的照料,其乃是与"存在之为存在"的现身着的关系,"惟有作为终有一死者的人,才在栖居之际通达作为世界的世界。惟从世界中结合自身者,终成一物"④。生态审美经验既区别于主客二分认识论美学的"风景如画"论,又不同于割裂人类文化社会与自然环境的荒野哲学的"自然全美"论。在这种存在论意义下,"我们不是简单地将生态美学的研究对象看作是'自然',而是将其看作既包含自然万物,同时也包括人的整个'生态系统'"⑤。

最后,海德格尔关于现代技术之思还直接批判了人类中心主义与主客二分认识论对自然生态破坏所负的责任。在《技术的追问》一文中海德格尔认为:"技术"一词从古至今的意涵并不相同:在古希腊人眼中,技术不仅仅是手段,还是让事物自然而然涌现的显现方式;而"在现代技术中起支配作用的解蔽乃是一种促逼,这种促逼向自然提出蛮横要求,要求自然提供本身能够被开采和储藏的能量。"⑥现代技术通过将人与自然客体区分开来,并主张以人类对自然的主宰的方式,以"集置"(Ge-stell,也译为"座架")人来"促逼"物的手段去把世界整体当作一个单调的、由一个终极的世界方式来保障的、因而可计算的储存

---

① [德]海德格尔:《演讲与论文集》,孙周兴译,第188页。
② 曾繁仁:《转型期的中国美学》,第245页。
③ [德]海德格尔:《演讲与论文集》,孙周兴译,第189页。
④ [德]海德格尔:《演讲与论文集》,孙周兴译,第191~192页。
⑤ 曾繁仁:《生态美学导论》,第292页。
⑥ 孙周兴编译:《海德格尔选集》下卷,三联书店1996年版,第933页。

物来加以订造。正如德国学者所言:"新时代把某物展现为某物(空气展现为氮,土地展现为矿床),这建立在把一个东西缩减为它的一个组成部分,建立在把某物限制在它的功能上;而新时代以前的展现让东西本身保持原状,甚至通过它与别的东西的暗示关系,通过它在形而上学的内容上的多义(如生命性、被创造性等等),取消了向功能的缩减,以至于使一种多面性产生了。多么本质和深刻的差别。"[①]在现代技术的集置和逼促下,人与自然不再是天地神人的"命运的声音的交响",人类超越其他三者"神气活现地成为地球的主人的角色"。在科技时代之前,人作为存在的守护者,在对自然万物的看护和照料中实现了自身的意义;相反,在人类中心主义确立了人为万物的主宰后,自然却以生态环境破坏导致人类自身生存难以为继的方式,提醒了人现在所处的危险境地。"海氏认为座架与促逼所导致的恶果是人类中心主义的泛滥和生态自然的破坏,实际上由于大规模无度开发导致自然对象的严重破坏,人已经失去了促逼与摆置的对象,但人还是以地球的主人自居,使自己处于非常危险的境地。"[②]生态美学的目的之一便是以审美的方式构建人与自然和谐相处的关系以来代替人对自然征服利用的紧张对立关系,使人对自然的态度从工具理性色彩的认识转变为审美体验式的趋同与向往,这一过程必然建立在对现代科学技术的彻底反思之上,而海德格尔则通过他的存在论表述为我们超越现代科学技术带来的主客二分认识论以及人类中心主义自然观的局限提供了一种可能性。

第二节　海德格尔存在论哲学中的"生命"问题

通过对"此在在世之在"结构的揭示,海德格尔为我们营造出一幅人诗意地栖居于大地上并在日常起居中照料自然万物继而与天地神共在的画面。从生态审美的角度来看,世界是一个包含了审美主体的人在内的生态整体,人寄寓于其中并与其他自然物在他(她)的实际生活中结缘。在生态世界中的人通过对其他存在者的看护与照料,不仅获得了人之为人的生存意义,而且还在这种

---

① [德]冈特·绍伊博尔德:《海德格尔分析新时代的科技》,宋祖良译,中国社会科学出版社1993年版,第47页。
② 曾繁仁:《生态美学基本问题研究》,第41页。

天地神人四方勾连中进入了人与自然和谐共生的本真存在状态。正因如此,才有西方生态理论家将海德格尔看作是"具有生态观的形而上学理论家",并产生了将生态现象学"首先与海德格尔联系在一起"的认同感。无独有偶,在中国美学由认识论向存在论转向、由实践美学向多元化研究转向的学科背景下,曾繁仁教授从海德格尔存在论思想对主客二分哲学与人类中心主义自然观的批判入手,在汲取了"天地神人四方游戏说""诗意地栖居""家园意识"等合理内核后,发展出一种以生态存在论美学观为理论基础并迅速得到了国内专家学者认可的生态美学理论话语体系。曾繁仁教授认为海德格尔对生态存在论美学观的主要贡献是:"一是海德格尔是当代西方最重要的生态理论家与生态美学家,'天地神人四方游戏说'就是当代生态哲学观与生态审美观。在这里,他以此在与世界的'结缘'代替了人与自然的对立……二是海氏前后期有一个转变,由前期的'人类中心主义'转到后期的生态平等论,同时他也以这种'此在与世界'的在世模式综合与调和了'人类中心'与'生态中心'的尖锐对立,是一种整体论或调和论的生态观;三是海氏的哲学美学思想受到东方特别是中国古代'天人合一'等哲学观的影响,最重要的是他受到东方有机论哲学观的影响,将人的存在阐释为'生存',而生存是时间状态中的生命活动。"①而在我们看来,海德格尔对生态美学理论建构的最大意义则在于——海德格尔作为一个西方哲学家,在吸收了西方传统哲学中的生命哲学的"生命"概念与东方(中国)哲学思想中的"天人合一"本体论思想后,打破了西方哲学中固有的主客二元对立的形而上学思维模式,继而建构了一个"此在"在世界之中的生存模式。正是在这种人与世界不可分割、人对自然万物负责的模式中,人才会产生一种对世界以及万物的审美化的生命体验。

1. 海德格尔存在论思想对西方生命哲学的继承与超越

在《时间概念的历史引导》一文中,海德格尔对胡塞尔现象学中的"意向性""范畴直观"和"先天性"等概念原则作出了高度评价,但他却不满胡塞尔将科学、文化的奠基性元哲学建立在意识上的做法。在海德格尔看来,现象学还原到最后的剩余绝不是什么"先验自我","'所有原则的原则'根本就不是理论

---

① 曾繁仁:《生态美学基本问题研究》,第22~23页。

所规定的,而是表达了对生活的原初态度(Urnaltung)",即"总是贴近着自身的体验性","哲学不在于一般得出的种种定义,而始终是事实的生命经验的一个要素"。① 在《现象学研究导论》中,海德格尔更是直言,胡塞尔对笛卡尔"我思故我在"的接受使他看不到"生命现象",更不能追问"意识的存在特征"。因此,对于海德格尔而言,现象学只有作为一种研究方法用来揭示"存在"的意义才是合理的,而"存在意味着在场"。"存在本身,在海德格尔眼里,是充满活力并只能在其亲临世界的展现状态中显示其实际的生命意义和本体论性质。"②《存在与时间》——这不海德格尔在学界的成名作,从学理角度来看似乎是对形而上学的老问题"存在是什么"的全新解答,这种解答"从根本上研究、动摇和更新了西方哲学传统的提问方式"(赫曼语);但从时代精神的角度来看却是一部"一举向广大公众传达了哲学由一战的震撼而产生的新精神"(伽达默尔语)的畅销著作;对于战后的人们来说,它是指导人实践、生存的行动哲学,是关于"人最根本的存在及其现代命运"(张汝伦语)的著作。

更进一步,从业已出版的海德格尔的早期文稿(如弗莱堡讲座稿以及《评卡尔·雅斯贝尔斯的〈世界观的心理学〉》等)来看,他与胡塞尔在对现象学的理解上的分歧并不是在《存在与时间》发表后才产生的。事实证明,"海德格尔从一开始就走的完全是自己的路。他关心的不是理论观察的对象,而是活生生的生命……早在1919年海德格尔就已经准备把现象学变成一门理解的科学,变成事实性释义学。肯定理解的前结构的释义学与追求无前提性的现象学显然是针锋相对的。他指责胡塞尔为了物的知觉而忽略了周围世界的经历(Welterlebnis)。他要打破理论在哲学中的优先地位,把哲学建立为生命的原科学"③。这样,我们就不能忽视兴起于19世纪末至20世纪初的狄尔泰、柏格森等所倡导的"生命哲学"对海德格尔存在论思想构建的影响作用。如费赫所言:海德格尔"对胡塞尔现象学的把握远非一种中性的吸纳,而是一开始就显示出一种高度批判的态度,这种态度是由同时对生命哲学家某些主旨的汲取而促发的",

---

① Heidegger. *Phänomenologie der Anschauung and des Ausdruchs. Theorie der philosophischen Begriffsbildung*, Gesamtausgabe, Bd. 59, S.36.

② 高宣扬:《生命的实际性及其反思性诠释——纪念海德格尔著〈存在与时间〉出版90周年》,《学海》2017年第5期。

③ 张汝伦:《〈存在与时间〉释义》上卷,上海人民出版社2014年版,第120~121页。

"正是对生命哲学—存在主义的问题的把握和彻底化,把海德格尔引向了对胡塞尔现象学的解释学转换"。① 因此,值得注意的是,海德格尔在将胡塞尔现象学的本质直观方法改造为对此在的生命活动现象的阐释之前,首先完成的是对源自传统西方哲学二元对立的生命哲学的批判性继承。

兴起于[19世纪末的生命哲学是继叔本华、尼采、克尔凯郭尔之后的非理性主义对西方哲学历史悠久的理性主义的一种反拨。从诞生之初起,"生命"就是与黑格尔的"绝对精神"相对立的一个概念。从感性的、现实的人甚至是生理化、欲望化的人着手,以生命的动态变化(即尼采的"意志"、詹姆士的"实用"、狄尔泰的"历史理解"、柏格森的"绵延"等)出发,主张人与世界之间的感性体验联动以代替其之间的逻辑关系乃是生命哲学的大体特征。对此,"海德格尔梳理了流行的理解生命概念的两个基本方向。其一,把生命看作是一种创造性的塑造和对象化,即把生命自身表述为'文化'……其二,把生命看作是活生生的体验和遭遇"②。前一种做法是把"生命"理解为从自身之中设置出来的东西,把对象化的"生命"同历史发展中的各种文化形式联系在一起。这是一种把"生命"外向化的方法,在其中"生命"已不是生命本身,而是与历史发展规律、终极价值捆绑在一起的存在。后一种做法则是把"生命"看作是聚集于自身,把"生命"当作是一种个人化的经验、体验的看法。这是一种把"生命"内向化的方法,在其中,"生命"具有非理性化的倾向,是一种个人神秘体验般的生命冲动。海德格尔认为将生命活动看作是宇宙运行发展规律的观点会将"生命"这个概念先验化;而将"生命"视为个人神秘体验的观点则会使"生命哲学"陷入唯我论。总而言之,生命哲学内部分化的根源还是在于,它们并未摆脱西方哲学的主客二分、理性与感性二分的思维模式。而要克服生命哲学的这种缺陷,就要用现象学的方法从存在论的角度重新诠释人的生存问题与意义。对此,海德格尔在《存在与时间》中直言道:如果对生命哲学的倾向领会得正确,那么在一切科学的严肃的"生命哲学"的倾向中,都未经明言地有一种领会此在的存在倾向。但"生命"本身却没有作为一种存在方式在存在论上成为问题,这始终是

---

① 参见[匈牙利]M.费赫:《现象学、解释学、生命哲学——海德格尔与胡塞尔、狄尔泰及雅斯贝尔斯遭遇》,朱松峰译,《世界哲学》2005年第3期。

② 卢云坤、姬兴江:《海德格尔与生命哲学——一种基于"存在论"的历史性考察》,《学术探索》2010年第4期。

很明显的,而且这就是生命哲学的根本缺陷。①

海德格尔的存在论与生命哲学的不同之处在于:在海德格尔眼中,"生命"并非是生理学、进化生物学乃至进化宇宙学意义上的活的有机体,而是富有精神活力的独立生命。"这样的生命是要通过语言的自我言说,通过它对实际的'生存于世'过程的亲临在场的体验的反思性诠释,为生命自身寻求'处世之道'去现实生命的自我创造。"②"生命"不是一个科学或传统西方哲学中的一个术语,而是"此在"在世界之中的活生生的生存化体验,对于这种存在论的生命体验的描述不能用科学的逻辑与归纳的方法,而应该用作为解释学的现象学直观对这种"前科学"的存在进行领会。海德格尔的存在论的现象学就是研究生命本身,"尽管有生命哲学的外表,实际上它与生命哲学的世界观相反。生命哲学的世界观是将生命对象化和固定在一种文化的生命的某个点上。相反,现象学绝不是封闭的,由于它绝对浸润在生命中,故它总是临时的"③。海德格尔存在论意义上的生命体验总是变动不居的,对这种生命体验的描绘只有在对世界之中的反思性诠释上才是可能的。正如高宣扬教授所言:"唯有回到活生生的生命本身,在生命的实际性(Faktizität)表演及其自我诠释中,通过生命探索者本身对其'本己的'(eigenen)'此在'(Dasein)的严谨细致的反思过程,将生命的活力涌入反思者的思索过程中,经受各种实际生活的煎熬磨炼,使'生存于世'所遭遇的命运,伴随着反思性的阐释活动,不断地穿越'遮蔽'和'敞开'的反复游戏运动,在有生命情感的在场显现过程中,实现'存在'在现象中的自我显现。"④这即是海德格尔存在论视野下的生命体验。

2. 生命体验:从"天地神人"到"天人合一"

关于海德格尔与生态之间的关系,伽达默尔总结道:"海德格尔把西方历史的尖锐化描写为存在遗忘和存在遗弃,并在建设性的行为知识(我们借以利用

---

① 参见[德]海德格尔:《存在与时间》,陈嘉映、王庆节译,第55页。
② 高宣扬:《生命的实际性及其反思性诠释——纪念海德格尔著〈存在与时间〉出版90周年》,《学海》2017年第5期。
③ Theodore Kisiel. *The Genesis of Heidegger's Being and Time*. Berkley, Los Angels, London, University of California Press, 1993. p.17.
④ 高宣扬:《生命的实际性及其反思性诠释——纪念海德格尔著〈存在与时间〉出版90周年》,《学海》2017年第5期。

自然的力量以便使我们自己的生活具有可能)的优先地位中同时认识到我们的命运。然而,其中同时有其他的要求:面对人类文明的这个命运式的方向,我们今天返回到持家的概念上,返回到持家的德行上。有些事物是我们大家从我们实际的生活很好地认识的,而且我们大家知道人们必须学会节俭地使用人们在资源方面拥有的东西。这里有一些界限,它们是生态学的界限,它们今天在普遍的意识中觉醒过来,而我们必须加以捍卫。"①以工具理性为代表的西方思想将"大地"理解为有用的资源而非"居住之地"(die Stätte des Wohnens),而海德格尔则希望改变人们的这种态度从而拯救作为大地的母亲地球。通过将大地、天空、神明和终有一死的人共同纳入到一种合一的"四重性"中,地球才可被作为不可被开发的大地被此保护在对世界之中存在者的照料中。在"四方游戏"中,"人不是主体,而是与天地紧密联系在一起,从而使他的思想在超出西方哲学传统后向中国传统哲学的'天人合一'的思想靠拢"②。在后期的海德格尔看来,真理已不是从天空与大地的争执中敞开而来的,而是从天地神人合一的本有的"Ereignis"中迸发出来的。撇开海德格尔使用"Ereignis"一词是否来源于对老子的"道"的感念的借鉴不说,单说他的真理观,其也是克服西方认识论主客二分思维模式而向中国哲学天人合一模式过渡的一种努力。

西方文化受主客二分认识论的影响,往往把人和事物看作是主、客两极,并以主体对客体(人对自然)的绝对占有作为文化根基。这一模式在传统农耕文明中尚能维持一种平衡;但随着工业文明对生产力前所未有的解放,主体的能力得到了极大的增强,但作为客体的自然却不能承受作为主体的人的过剩需求与欲望,于是才有了资源短缺与生态危机的爆发。"后期海德格尔喋喋不休地说的'遮蔽'、'存在遗忘'、'存在遗弃',用明白的话来说,就是一种倾向掩盖了另一种的倾向,主客二分的认识论倾向掩盖了天人合一的存在论倾向,认识论与存在论的关系紊乱,天下必然大乱。"③西方哲学预先设定了主体与客体、形式与质料的二元划分,然后在这一固定的框架内进行真理揭示的构成工作;相反,在海德格尔那里,"形式以一种更在先的或更原发的方式'存在者',它就是生命

---

①　宋祖良:《如何恰当理解海德格尔的后期思想》,《哲学研究》1995 年第 4 期。
②　宋祖良:《海德格尔与当代西方的环境保护主义》,《哲学研究》1993 年第 2 期。
③　宋祖良:《如何恰当理解海德格尔的后期思想》,《哲学研究》1995 年第 4 期

或生活(Leben),这种原发冲动的'质料'本身具有的'原/缘形'或'原境遇构成'"①。

张祥龙教授认为:"海德格尔与中国古代的求道者都面临一个如何摆脱掉现成思想方式、使自己的终极理解鲜活通透起来的问题。"②终极存在的"天"或"道"不是一个现成的存在者,而是一种活生生的在场,并能使人领会其存在的构成境域。"现象学的根本特性如果被理解为'构成',那么它与东方思想,特别是中国哲学的主流就大有对话和相互激发的可能。"③海德格尔对"此在的在世界之中存在"的阐释实际上恰恰摧毁了西方哲学中人与世界之间的观念分别和主客分别,人与世界结缘于在世之在所开启的构成境遇中,因而除此之外再无其他"现成自性"的东西了。而中国哲学中"有真人而后有真知"的讲法也认为得道就是进入"非主非客而有天然灵知的人生状态",因而"海德格尔形成自己独特思想方法时提出的'实际生活经验'和'形式显示'的思想",乃是"一种在主体与客体还没有分裂之前,人的实际生活经验去构造意义与存在可能性的途径,也是人在这种前对象化、前理论化的境遇中,理解和表达'原初某物'的方式。而在中国古代哲学中由'气'、'势'等各种相关术语和思路,可以与之相配"。④

如前所述,我们认为海德格尔所说的"此在"在认知世界之前对领悟自身与世界之意义的结论乃是一种类似于中国"天人合一"状态的生命体验。牟宗三认为:"中国哲学所关心的是'生命',而西方哲学所关心的重点在'自然'。"⑤无独有偶,西方人李约瑟认为:"对中国人来说,自然界并不是某种应该被意志和暴力所征服和具有敌意和邪恶的东西,而更像是一切生命中虽伟大的物体。"⑥生命与自然的区别在于自然总是意味着社会文明的对立面,无论是原始社会所面对的危险的未被人化的自然,还是农业社会所面对的神秘的泛灵论的自然,或是工业社会所面对的物质化的机械论的自然,人总是处在社会之中而独立于自然的一个位置,其与自然的关系只有征服与被征服、利用与被利用的模式。而在中国传统智慧中,无论是儒家的"天地之大德曰生"或是道家的"道生一,一

---

① 张祥龙:《从现象学到孔夫子》,第187~188页。
② 张祥龙:《海德格尔思想与中国天道》,三联书店1996年版,第346页。
③ 张祥龙:《从现象学到孔夫子》,第199页。
④ 张祥龙:《海德格尔与中国哲学:事实、评估和可能》,《哲学研究》2009年第8期。
⑤ 牟宗三:《中西哲学之会通十四讲》,上海古籍出版社1997年版,第10页。
⑥ 《李约瑟文集》,陈养正等译,辽宁科学技术出版社1986年版,第338页。

生二,二生三,三生万物"都不认为自然、社会与人是割裂的,它们从本质论上来说就是一个统一的整体。正如钱穆所言:"中国人因为常偏于向内看的缘故,看人生与社会只是浑然整然的一体。这个浑然整然的一体之根本,大言之是自然,是天,小言之则是各自的小我,'小我'与'大自然'浑然一体,这便是中国人所谓的'天人合一'。"①不考虑"天"意涵的演变过程中董仲舒"天人感应"意义上的神道之天与宋明理学的"义理之天",我们仅从先秦思想出发将"天"理解为"自然之天",那么天人合一就意味着人与自然无论是从本体论还是存在论意义上讲都是不可分割的一个整体。从本体论的角度看,"人与天,一也","有人,天也;有天,亦天也"(庄子)。人与自然从宇宙诞生之初就是一体的,"天地与我并生,万物与我为一"。"客观地说,人是自然界的一部分;主观地说,自然界又是人的生命的组成部分。在一定层面上虽有内外、主客之分,但从整体上,则是内外、主客合一的。"②从存在论的角度来看,人的存在意义亦需要在作为自然的天的背景视域下找寻,《易》云:"夫大人者,与天地合其德,与日月合其明,与四时合其序。"在与自然和谐共处的关系之上,人才能进行主体体悟并顺应自然规律建立起人类社会的文明。对此,方东美认为,中国哲学"要把人的生命展开去契合宇宙——表现'天人合一'、'天人不二'。这种说法都是要把哲学体系展开去证明人与世界可以化为同体"③。

宗白华认为:"中国人由农业进于文化,对于大自然是'不隔'的,是父子亲和的关系,没有奴役自然的态度,中国人对他的用具(石器、铜器),不只是用来控制自然,以图生存,他更希望能在每件用品里面表现出对自然的敬爱,把大自然里启示着的和谐、秩序、它内部的音乐、诗表现在具体而微的器皿中,一个鼎要能表象天地人。"④这种在器物用具中显现出天地人和谐统一的讲法无疑和海德格尔从作为物的壶的分析出发引出"天地神人四方游戏"的说法有异曲同工之妙。

> 我们把群山(Berge)之聚集称为山脉(Gebirge)。同样地,我把入于倾注的双重容纳的聚集——这种聚集作为集合才构成馈赠的全部本质——称为赠品(Geschenk)。壶之壶性在倾注之赠品中成其本质。连空虚的壶

① 钱穆:《中国文化导论》,第17~18页。
② 蒙培元:《人与自然》,人民出版社2004年版,第6页。
③ 方东美:《先生演讲集》,台湾黎明文化公司1986年版,第46页。
④ 《宗白华全集》第2卷,安徽教育出版社1995年版,第415页。

也从这种赠品而来保持其本质,尽管这个空虚的壶并不允斟出。但这种不允许为壶所特有,而且只为壶所特有。与之相反,一把镰刀,或一把锤子,在此就无能为力,做不到对这种馈赠的放弃。

倾注的馈赠可以是一种饮料。它给出水,给出酒供我们饮用。

在赠品之水中有泉。在泉中有岩石,在岩石中有大地的浑然蛰伏。这大地又承受着天空的雨露。在泉水中,天空与大地联姻。在酒中也有这种联姻。酒由葡萄的果实酿成。果实由大地的滋养与天空的阳光所玉成。在水之赠品中,在酒之赠品中,总是栖留着天空与大地。但是,倾注之赠品乃是壶之壶性。故在壶之本质中,总是栖留着天空与大地。

倾注之赠品乃是终有一死的人的饮料。它解人之渴,提神解乏,活跃交游。但是,壶之赠品时而也用于敬神献祭。如若倾注是为了祭神,那它就不是止渴的东西了。它满足盛大庆典的欢庆。这时候,倾注之赠品既不是在酒店里被赠与的,也不是终有一死的人的一种饮料。倾注是奉献给不朽诸神的祭酒。作为祭酒的倾注之赠品乃是真正的赠品。在奉献的祭酒的馈赠中,倾注的壶才作为馈赠的赠品而成其本质。①

区别于西方文明有神论思想传统,中国传统智慧中的"天人合一"思想最终并不指向人神共在的模式,故才有《易》云:"有天道焉,有地道焉,有人道焉。兼三才而两之,故六,六者非它也,三才之道也。"(易传系辞下)"天地氤氲,万物化醇,男女构精,万物化生。"天、地、人就构成了世界万物的结构,在这其中并没有或很少有神明的角色,对此张载更是直言道:"乾称父,坤称母;予兹藐焉,乃混然中处。故天地之塞,吾其体;天地之师,吾其忙。民吾同胞,物吾与也。"(《正蒙·乾称篇第十七》)这样的一种天地神人模式下的"天人合一"就自觉地堵塞了向最高存在的神明发展的倾向,而走向了一种在伦理、在日常生活之中彰显人的意义的中国道路。更重要的是,对中国人来说,天人合一不仅是万物化生的认识世界的原理与"天行健,君子以自强不息"的为人伦理准则,而且还是一种在人与自然和谐统一中发掘人生意义的审美活动。"夫玄黄色杂,方圆体分,明璧以垂丽天之象;山川焕绮,以铺地理之形:此盖道之义也。仰观吐曜,俯察含章,高卑定位,故两仪既生矣。惟人参之,性灵所钟,是谓三才。"(《文心

---

① 孙周兴编译:《海德格尔选集》下卷,三联书店1996年版,第1172～1173页。

雕龙·原道》)刘勰在这里虽然讲的是文章之本质与自然宇宙之间的关系,但其与从审美的角度理解"天人合一"的天、地、人"三才"的生命体验是相通的。正如朱良志教授所言:"在审美的意义上,天人合一意味着对象不但与人之间被视为一体,而且使主体在审美体验中跃身大化,与天地浑然为一。天人合一的境界是一种天人和谐的境界,个体投身到自然大化中去,实现个体生命与宇宙生命的融合。"①正是天人合一的这种生命体验,才使得人以审美的方式产生了对自身、自然乃至宇宙万物的共生意识、生命意识、人本意识、宇宙意识与超越意识,它为当代生态美学在存在论意义上超越主客二分的认识论美学提供了一种独到见解的中国智慧解决方案。

正如曾繁仁教授所言:"生态美学有两个分支点:一个是西方的现象学。现象学从根本上来说是生态的,因为它是对工业革命主客二分以及人与自然对立的反思与超越,从认识论导向存在论。另一个是中国古代的以'天人合一'为标志的中国传统生命论哲学与美学。'天人合一'是对人与自然和谐的一种追求,是一种中国传统的生态智慧,体现为中国人的一种观念、生存方式与艺术的呈现方式。"②海德格尔由早期从"此在"展开对存在的追问到后期直接从"Ereignis"本身来思考存在问题的这一转变是否受到了中国道家学说思想的影响姑且不论,但是,不可否认的是,海德格尔从"人诗意地栖居""天地神人四方游戏"的角度来探寻人与世界的存在的本质与意义的思路,与中国传统哲学中的"天人合一"思想是不谋而合的。它们都反对人类中心主义思想中人与自然对立、人为万物之主宰的观念,并在坚持生态整体主义原则及人与自然平等的观念中,共同勾勒出了一幅人与自然和谐共生、欣欣向荣的景象。海德格尔存在论哲学与中国传统生态智慧对于生态美学构建的启示意义在于承认人与其他生物在生命意义上乃是平等共生的。这样的做法在生存论意义上,认同了人与自然万物并无高下之分,在认识论意义上则消解了人对自然世界的统治作用。人在自然中地位的下降非但没有消解人的主体性与能动性;相反,在人与自然的新型平等关系中,在人对自然万物的守护与照料中,人反而获得了对自身生命、对万物生命甚至作为整体生态地球盖娅母亲的生命意义。

---

① 朱志荣:《中国美学的"天人合一"观》,《西北师大学报》(社会科学版)2005 年第 2 期。
② 曾繁仁:《"天人合一"——中国古代的"生命美学"》,《社会科学家》2016 年第 1 期。

第三节　生态审美经验中的生命体验

1. 作为生态型、人文性和审美性相统一的生命体验

　　作为一门交叉学科，生态美学是借助生态学的关系性思维，以审美的态度来审视人与自然之关系的一门学科，它是包含着生态性、人文性与审美性的有机统一体。而对生态美学能否成立的声音也往往来自于对这三个方面能否相统一的质疑。因此，如何有效地将生态性、人文性与审美性内在地统一于生态美学的理论体系构建中便成了当代生态美学学科的基础之所在。

　　我们首先来看生态美学中生态性与人文性如何统一的问题。反对者认为，生态是研究生物与环境之间关系的，美学则是研究主体与客体对象之间形成的一种精神性的愉悦感的；前者属于自然科学，后者属于人文科学，二者之间具有不可通约性，因此不能将二者结合在一起。① 这种观点的谬误之处在于其对"生态"的认识还停留在初级阶段，仅把它当作一门"研究生物体与其周围环境相互关系"的自然学科。但实际上生态学在诞生之初就是其创立者海克尔本人试图对西方科学中二元对立与机械唯物思维模式的反思与超越的尝试。在谈到他提出"生态学"一词的背景时，海克尔说道："1860 年我意大利归国后，开始阅读并熟悉达尔文的相关著作。在我了解到当时流行以一元论或系统论去解读最为复杂的哲学问题时，我不禁产生了一种想法，即我所钟爱的这部著作能够提供一种将生命有机综合起来的路径方法。"

　　从海德格尔这位"具有生态观的形而上学理论家"的哲学思想出发，生态存在论美学解决了生态美学中的生态性与人文性相统一的问题。但仍有批评者质疑这样的一种统一的落脚点究竟是否为美学。当今所有的生态美学论述的逻辑都是：从现实生态危机出发，提出一种人文意义的生态理论构想，并认为良性的生态环境与生态文化、生态态度乃是人类社会急需的；接着，或从中国古代

---

　　① 参见王梦湖：《生态美学——一个时髦的伪命题》，《西北师大学报》（社会科学版）2010 年第 2 期。

典籍,或从文艺作品中挖掘这种人的生态向性以证明自己的理论。但正如刘彦顺所说,构建良性的生态环境、生态文化、生态态度及生态向性可以是面向政治的、经济的乃至伦理的,但何以必须是审美的?① 遗憾的是多数生态理论建构这并未对这一问题予以回应,他们默认良性的生态就是能导致生态审美(而非生态伦理、生态哲学或生态经济学)。在这里,我们认为,如何解决生态美学中生态性与审美性的统一才是生态美学理论构建的重点与难点之所在。

对此,生态存在论美学观的倡导者曾繁仁教授解答道:"生态性又如何与审美性相统一呢? 为什么说生态存在论哲学观同时也是一种美学观呢? 在存在论哲学中,美的内涵与传统认识论美学中作为感性认识完善的美学内涵已大不一样,它的美的内涵已经与真、存在没有根本区别,而是紧密相连的。所谓美就是存在的敞开与真理的无蔽。"②诚然在海德格尔那里,真与美被统一在了世界与大地的争执之中,但以文笔艰涩著称的海德格尔在论述美的显现过程中也援引了凡·高农鞋画、古希腊神庙等等形象的艺术典例来过渡到对艺术本质的抽象,而不是一股脑儿地将哲学话语式的抽象概括直接呈现在读者面前。"只要艺术把美生产出来,艺术就逗留于感性领域,因而艺术就处于与真理的最大距离中。只要我们考虑到了这一点,那我们就可以清楚地看到,真理与美尽管有着共属一体的关系,但必定还是两个东西,彼此必定发生不和……美让人超越感性而返回真实。在这种彼此不和中占上风的是协调一致,因为美作为闪现者、感性之物,预先已经把它的本质隐藏在作为超感性之物的存在之真理中了。"③美永远是从感性出发而达到对真的独特领悟的,而仅仅将生态审美概括为与真相同,是存在的闭开与真理的无蔽这一论断是否太过抽象与独断? 值得注意的是,在另一处讨论审美对象的文章中,曾繁仁教授又在另一处引用杜夫海纳的话——"美的对象就是在感性的高峰实现感性与意义的完全一致,并因此引起感性与理解力的自由协调的对象。"④继而认为:"审美对象是意向性活动中凭借主体的感性能力对存在意义的充分揭示,从而达到两者的'完全一

① 参见刘彦顺:《身体快感与生态审美哲学的逻辑起点》,《天津社会科学》2008 年第 3 期。
② 曾繁仁:《生态现象学方法与生态存在论审美观》,《上海师范大学学报》(哲学社会科学版)2011 年第 1 期。
③ [德]海德格尔:《尼采》上卷,孙周兴译,第 235 页。
④ [法]杜夫海纳:《美学与哲学》,中国社会科学出版社 1985 年版,第 25 页。

致'。在这里,起关键作用的还是主体的感性能力、审美知觉,无论对象本身的情况如何,只要主体的感性能力与审美知觉没有对其感知,那就不能构成审美对象。"①

在这里我们认为,曾繁仁教授对生态美学中生态性与审美性相统一的相关论述有以下几点值得注意:首先,生态美是与传统认识论美学中的自然美、艺术美、社会美等范畴截然不同的一种美,"如果说对自然美、社会美的研究是在存在者状态上进行的关于美的本质与规律的考察,那么生态美学则是在存在论意义上进行的关于生态视野中美之为美的探索",但我们不同意"生态美学研究的虽是生态美但生态美却不是一种具体的现成的美或审美对象"②的论述,这种反对基于曾繁仁教授对存在论美学的另一种认识,即审美活动总是审美对象在主观构成中的显现。无论是认识论意义上的美的客体对象还是存在论意义上"美的存在及其存在的意义",无论是"自然的人化"的自然美还是"天地神人四方游戏"的生态美,其都必须作为一种感性化的存在样式被我们的审美主体(无论是精神的或肉体的)所体验才得以成立。既然生态美学的研究对象是"生态系统的审美"③,那么作为生态美学中审美对象的"生态系统"必然有其可以被审美主体知觉、感知的特点。正如曾繁仁教授所言:"审美对象只有在审美的过程中面对具有审美知觉能力的人,并正在进行审美知觉活动时才能成立。它是一种关系中的存在。"④即使是"存在"意义上的"生态美",其仍有可被主体的感性化关系中,审美才会发生,审美的意义才会显现。

与传统艺术审美经验依靠视听觉进行审美感知不同,生态审美从审美经验的起始阶段就是以身体与精神的统一模式为感知模式基础的。以身体五感合一感知为基础不仅是人的存在与行为的前提,而且还是生态审美中美感经验产生的逻辑起点。梅洛-庞蒂的知觉现象学从"身体—主体"意向性感知周围事物所形成的现象场为起点,为我们建构起了一个将主体与他者共含在"肉身间性"下的世界。这为我们从身体感知出发建构生命审美经验提供了重要的学术借鉴资源。杜夫海纳在他的审美经验理论研究中也承认了身体与世界的这种先

---

① 曾繁仁:《试论当代存在论美学观》,《文学评论》2003 年第 3 期。
② 曾繁仁:《生态美学基本问题研究》,第 117~118 页。
③ 曾繁仁:《生态美学导论》,第 291 页。
④ 曾繁仁:《试论当代存在论美学观》,《文学评论》2003 年第 3 期。

验、原初的关联性乃是主体审美经验产生的起点,但他却不认为美感经验应以身体理论为终点,因为审美快感不单纯是肉身快适:"一方面,肉体必须经过训练才能用于审美经验;另一方面,艺术作品本身尽管是为肉体创作的,也不单是为它创作的,而且有时还首先使肉体感到困惑。"①

虽然杜夫海纳是针对艺术审美而提出上述观点的,但这种看法也同样适用于分析生态审美经验。生态审美是由对具象自然事物的感知到对宏观生态整体的把握过程,而身体现象学从"身体图式"感知具体事物上升至主体对"世界之肉"的总体领悟却明显有一个断裂。如何从身体感知的内在性上升到对整个生态世界的超越性把握乃是胡塞尔现象学中本质直观所要解决的问题。从对具体的自然景色感知的身体快适到对抽想性、关系性的生态系统的整体把握,不纯然是一个身体问题,其涉及由感知到想象的主体意识能力问题。胡塞尔认为从感知觉的内视域出发,通过主体的本质直观的能力将其转化为外视域继而在这种视域融合中发现普全世界视域的做法,可以使我们在对自然美景的感知体验中本质地捕捉到超越这些景色的整体生态世界。但我们不同意胡塞尔将本质直观的最终落脚点放在先验主体上的做法,生态审美直观不是要达到对"生态"这一概念的范畴直观,而是要让主体领悟到一个包含了作为"身体—主体"的我与眼下被我感知的自然物以及在我视域之外的普全自然物的一个有机联系的整体的存在。这种领悟是关系性的而非实体性的,是存在论意义上的而非认识论意义上的。不是"生态"这一抽象的科学术语构成了现象学还原到最后的剩余,相反,是人与自然共存于地球的这种共生样态才是生态审美直观到最后的发现。这种关系性的存在与其说是主体对它的一种认识,不如说是一种在身心合一的感知与直观下对大自然的一种体验、一种审美化的领悟。正是在这种意义上,我们赋予这种生命体验以本体论意义。正如杜夫海纳所言:"赋予审美经验以本体论的意义,就是承认情感先验的宇宙论方面都是以存在为基础的。也就是说,存在具有它赋予现实的和它迫使人们说出的那种意义。"②

而从感性的生命体验出发,从活生生的生态审美经验出发,上升至在人与自然和合夹生的生态视野中探讨与追问美的存在及其存在的意义,便是海德格

---

① [法]杜夫海纳:《审美经验现象学》,韩树站译,文化艺术出版社 1996 年版,第 380 页。
② [法]杜夫海纳:《审美经验现象学》,韩树站译,第 581 页。

尔存在论哲学思想对生态美学中生态性与审美性相统一所做出的贡献。海德格尔对胡塞尔的纠正就是把人作为生成的存在者而非现成的存在者来看待。在海德格尔看来,"体验在胡塞尔那里仍是近代认识论哲学意义上的主体意识,而非一种前主体的'生命经验'(faktische Lebenserfahrung)"。他认为:"每一种真正的哲学都是从生命丰富的贫困中产生,而不是以认识论的假问题或伦理学的空白问题中产生。"①从早期对"生命"的强调,到现象学时期关于"此在"的提出,从活生生的个体生命经验出发,始终是海德格尔哲学解释人之意义、世界之意义的关键。如高宣扬教授所言:"《存在时间》的核心。与其说是'存在',不如说就是'存在'的生命本身的自我展现;同时,《存在与时间》也因此成为海德格尔对引导他开辟新哲学思路的'存在'感激的真情告白,而《存在与时间》对存在的哲学研究,也自然地饱藏和流露海德格尔本人对生命的丰富体验及其'亲在'感悟。"②作为"此在"的事实的"生命经验",它不是单纯的认知经验,而是在人与物、人与人、人与世界之间的互动理解中,借由这种作为哲学"前问题"的体验,而在一种解释学中达到的对自己存在本身之意义的领悟。"意义不是与世界相脱离的孤立领域,而是这种关系性存在的前提,是生命(存在)本身的表达。既然意义是生命的表达,那么事实的生命经验就是对(生命)意义的理解,以它为主题领域的哲学必然是释义学。"③而在后期海德格尔的"天地神人四方游戏说"中,更是充分体现了这种充满解释学意味的对生命体验的阐释:"物之为物何时以及何时到来?物之为物并非通过人的所作所为而到来。不过若没有终有一死的人的留神关注,物之为物也不会到来。达到这种关注的第一步,乃是一个返回步伐,既从一味表象性的,亦即说明性的思路返回来,回到思念之思(das andenkende Derken)。"回到"思念之思",就是人对世界之意义的建构过程,在生态美学视野中,也是人在生态世界中对其他自然物的一种生命体验与阐释的过程。具体而言,海德格尔的存在论思想所体现出的生命特征主要表现在以下两个方面:

一是人与自然共在的本源性。"此在"的"在世之在"建立了人与其他自然

---

① Heidegger. *Grund problem der Phänomenologie*, Gesamausgabe, Bd. 58, S. 150.

② 高宣扬:《生命的实际性及其反思性诠释——纪念海德格尔著〈存在与时间〉出版 90 周年》,《学海》2017 年第 5 期。

③ 张汝伦:《〈存在与时间〉释义》上卷,第 171 页。

物须臾难易分离的生存模式。"某个'在世界之内的'存在者在世界之中,或说这个存在者在世;就是说:它能够领会到自己在它的'天命'中已经同那些在它自己的世界之内向它照面的存在者的存在缚在一起了。"①存在先于认识,先于本质,在人对自然进行科学的认知之前,自然已经作为一种原初性的存在者同人的生存活动打照面了。因而在这种存在论中,"生态"不是一抽象的、亟待被人发现和认识的概念或本质,而是人从对在从场的存在者到其身后不在场的存在的领悟。这种领悟不是生物由种到纲目再到生物界的那种由小及大的归纳总结,而是一种超越于这些名词、实体、存在者之上对"事物之成为自身的显现(或澄明)"的把握。正如曾繁仁教授所言:"海德格尔提出了'此在与世界'存在论的在世模式,用以取代'主体与客体'的传统认识论在世模式,从而为人与自然的统一奠定了哲学基础。这是由传统认识论到当代存在论的过渡,标志着人与自然和谐共生理论基础的建立。"②

二是生命体验的生成性。海德格尔的真理观视真理与美为"世界与大地间的争执"的实现,这意味着在存在论中"真"与"美"不再是一种本质、静态的理念,而是一种时时刻刻在生成与消逝的动态化存在。"真理之为真理,现身于澄明与双重遮蔽的对立中。真理是原始争执……无论何时何地发生这种争执,争执者,即澄明与遮蔽,都由此而分道扬镳。这样就争得了争执领地的敞开领域。这种敞开领域的敞开性也即真理;当且仅当真理把自身设立在它的敞开领域中,真理才是它所是,亦即是这种敞开性。"③同样,在生态审美中,我们不是要在生态系统这一存在者的层面理解"生态美"的实体;相反,"生态美"已不是认识论意义上的现成或已预先存在的,而是在世界的变动中随着生命的生存与消亡中对生命现象的一种体悟。

既然人与自然共为生命而存在,那为何现代人却对这种亲和关系视而不见,反过来以"促逼"的方式来对待自然呢?海德格尔认为被荷尔德林称为"贫困时代"的现代社会因为科学的昌明、技术的进步,反而让科技对人的"座架"关闭了其他一切解蔽的可能性手段。技术成了人的主宰。"在'座架'中物和人成为贯彻技术意指过程的材料和环节,人为贯彻主体意图而无视物本身的特

---

① [德]海德格尔:《存在与时间》,陈嘉映、王庆节译,第65~66页。
② 曾繁仁:《生态美学导论》,第66页。
③ [德]海德格尔:《林中路》,孙周兴译,第48页。

性,并把技术意指加强于物,结果人本身也成了技术揭蔽中的持存物。"①现代技术以独断的方式,垄断了人们对真理之澄明的揭示;而海德格尔则主张以"诗意地栖居"的方式打破这种技术的促逼或密集。通过保持"对物的泰然任之与对于神秘的虚怀敞开",重新在"天地神人"的四方勾连中找寻人归属于存在,倾听存在之调谐之音的澄明之境。发现生态世界并不是一个对"生态"概念的理性认识过程,而是发现作为生命的人与自然万物之关联、发现自然之神秘而对其心生敬畏、发现人作为此在继而以照料者的身份料理万物的审美化生命体验的生成过程。

生态学这种一元论乃是对把人与自然对立开来以及把自然物细分为无数个独立的组成部分的近代科学思维方式的一种反抗,因而生态学自诞生之初就不是传统线性思维的自然科学,其与达尔文的进化论一样,在诞生之初就埋下了对人文学科施加巨大影响的种子。而挪威哲学家阿伦·奈斯则接过这一任务,并使"生态"概念在20世纪下半叶成功地由一科学概念泛化为一个对人类社会具有重大意义的文化运动。他的"深层生态学"的提出使学界对于生态问题的研究由表层的自然现象深入到对社会与人文维度的追问与探讨之中。在这之后,"生态"概念更是深入到人们生活的方方面面,而面对新时代生态文明社会的建设,人们能说这仅仅是自然科学通过努力就能达到的目标吗?

作为自然科学的"生态"可以帮助我们治理污染以及更好地科学规范人类的工农业生产活动,但这不过是走了西方国家"先污染再治理""先发展后环境"的老路。正如罗马俱乐部负责人佩切伊所认为的那样:"生态问题主要不是经济问题,也不是科技问题,而是文化问题、文化态度问题。"②对待生态问题的人类中心主义立场,使人与自然之关系发生根本性的文化转向,我们才能真正建构起"生态文明"的新型社会。在改变自然与人关系的文化态度之上,海德格尔的存在论哲学思想功不可没。此在的缘在就是"在世界之中存在",缘在强调的是我并非在一开始就与世界或世界之内的其他存在者相隔,而后再拼合在一起;我的生命自诞生的那一刻起便被抛入这个世界,缘在就是我生活在世界之所在。在世的可能存在就是我生活在世界之所在。在世的可能存在就是"操

---

① 范玉刚:《睿思与歧误——一种对海德格尔技术之思的审美解读》,中央编译出版社2005年版,第264页。

② 曾繁仁:《生态美学基本问题研究》,第16页。

心"或"操劳"。"此在本质上包含着在世,所以此在的向世之存在本质上就是操劳。"①这意味着并非是人的认识创造出主体同世界的交往,相反,人对世界的认识是从这种交往发展而来的。这样,海德格尔便完成了西方哲学由认识论主导的人如何认知世界问题到存在论主导的人如何存在于世界问题的转向。在进一步的诸操劳方式中,我是在与世界内的存在者"打交道","最迫切的交往方式并非一味地进行觉知的认识,而是操作着的、使用着的操劳,操劳有它自己的'认识'"②。与他物打交道即是用"上手的东西"进行劳作,对使用锤子钉物时,我愈顺手使用这锤子,对它关注凝视愈少,它也就愈昭然若揭地作为它所是的东西来照面。海德格尔认为:"这里却不可把自然了解为只还现成在手的东西,也不可了解为自然威力。森林是一片林场,山是采石场,河流是水力,风是'扬帆'之风。随着被揭示的周围世界来照面的乃是这样被揭示的'自然'。人们尽可以无视自然作为上手事物所具有的那种存在方式,而仅仅就它纯粹的现成状态来揭示它、规定它,然而在这种自然揭示面前,那个'澎湃争涌'的自然,那个向我们袭来,又作为景象摄获我们的自然,却始终深藏不露。"③后期海德格尔更是提出了"天地神人四方游戏说"来进一步说明此在与世界、人与自然结缘的这种关系。天空、大地、人、神,"在这四种声音中,命运把整个无限的关系聚集起来"。从生态的角度讲,这意味着人与自然在人的实际生存中是不可分割的,自然处于人的存在之中而后才处于人的认识之中。对此,生态存在论美学认为:"这就是当代存在论提出的人与自然两者统一协调的哲学根据,标志着由'主客二分'到'此在与世界'以及由认识论到当代存在论的过渡。"④不仅如此,在"此在的在世之在"之中,我把世界当作"如此这般熟悉之所而依寓之,逗留之",在"天地神人"的四方勾连中,作为终有一死者的我才能留神关注"物之为物的到来"。从存在论的角度来看,人与自然的关系不再是传统中主客体的利用与被利用的关系,相反,人与自然的关系是不可分离的一种状态。人与其他自然物既是平等生存的关系,同时人对其他存在者负有照料的责任,故这种生态论的

---

① [德]海德格尔:《存在与时间》,陈嘉映、王庆节译,第67页。
② [德]海德格尔:《存在与时间》,陈嘉映、王庆节译,第79页。
③ [德]海德格尔:《存在与时间》,陈嘉映、王庆节译,第83页。
④ 曾繁仁:《生态现象学方法与生态存在论审美观》,《上海师范大学学报》(哲学社会科学版)2011年第1期。

存在观还意味着生态思想由人类中心主义向生态整体主义的过渡。正是基于以上两点，我们认为，海德格尔的存在论从人在世之在关系着手，彻底从人文思想的角度上扭转了人类对自然的主客二分以及人类中心主义的态度，为生态存在论美学奠定了本体论基础。

2．生命体验在生态审美经验中的展开过程

海德格尔对于技术之思给予我们思考生态问题的启示是：现代社会遭遇的生态危机不仅仅是自然环境遭到人为破坏的问题——真正的危机乃是现代人对待自然事物之态度的转变，即从古代将自然物视为有生命力的存在到现代视其为自然资源与能量载体的转变。而海德格尔则试图回到古希腊语境来重新看待自然的物性：物应归之于大地，"大地使任何纯粹计算式的胡搅蛮缠彻底幻灭了。虽然这种胡搅蛮缠以科学技术对自然的对象化的形态给自己罩上统治和进步的假象，但是，这种支配始终是意欲的昏庸无能"①。大地使自然事物具备了不为科学理性态度所穿透的一面，而自然在大地中的这种闭锁才是其真正意义的来源。因此，不是通过科学分析的态度对自然的理性计算，而是以审美的态度在天地神人的四重鸣唱中对自然的生命体验才是让有意义的世界在闭锁的大地中显现的途径。正如美国学者汤姆森所言："我们需要一种环境中'正确的'经验，是指那些完整的、神圣的、康复的——这也是在我们因与世界的存在脱节而惊得瞠目之前被海德格尔称作'存在的角色'……无论是否这样一种崇高的经验，来自于高山远景、夜晚星空、野生动物、婴孩诞生、哲学对话还是任何与无数前辈事物的合适的相遇，这些转化的相遇，都将是我们发现实体存在、而非等待最优化（以此来学会通过照顾、谦恭、耐心、感激或是敬畏提出他们）的来源，都可以成为小规模的、潜在的、本体神学论之外的革命，从而使我们正视这个世界。"②回归于大地的整体自然界是繁纷复杂、多姿多彩、变化多端的，其全貌是对我们隐而不显、不可为我们的理性所穷尽的。因此，当我们从对具体自然事物的感知上升至对整个生态世界的宏观把握时，我们并非是得到了一种对生态系统的理性认识，而是对生态世界的生命体验般的意义诠释。

---

① ［德］海德格尔：《林中路》，孙周兴译，第33页。
② ［美］伊恩·汤姆森：《现象学与环境哲学交汇下的本体论与伦理学》，曹苗译，《鄱阳湖学刊》2012年第5期。

例如,在发现生存于澳大利亚的黑天鹅之前,17世纪之前的欧洲人认为所有的天鹅都是白色的。但随着第一只黑天鹅的出现,这种不可动摇的信念便崩溃了。黑天鹅事件带给我们的启示是:当我们对大自然抱着理性分析的态度,当我们自以为已经掌握了关于它的一切知识的时候,自然总会展现出超出我们固有认知的一面,生物学的发展史就是不断颠覆我们的认知与常识的历史(从对黑天鹅、鸭嘴兽到朊病毒的发现莫不如此)。与我们共在于世界的存在者与我们之间不是认识与被认识的关系,这点正如海德格尔所言:"人们尽可以无视自然作为上手事物所具有的那种存在方式,而仅仅就它纯粹现成状态来揭示它、规定它,然而在这种揭示面前,那个'澎湃争涌'的自然,那个向我们袭来、又作为景象摄获我们的自然却始终深藏不露。植物学家的植物不是田畔花丛,地理学确定下来的河流'发源处'不是'幽谷源头'。"①当我们对田畔花丛进行体验而非对植物进行分类时,我们就是在以审美的态度对待这些自然、对待那些依托于大地而不能为认知所穿透的物。在仰观天地之大与俯察草木之盛中间,是我们内心油然而生的对自然生气之敬畏的生命体验,这种经验既非是主体对自然本身所具有的客观属性的认识,也不是人类文化附加于自然之上的情感印记,它是"世界"的本真所在。在这样的万物竞自由的生态世界中,人和其他动植物共在,人凭借自然,自然也依托人,各自进行着自身精彩的生命诉说。

当我们从生命体验的视角去看待具象化的自然万物时,我们就不仅仅将眼前这个自然物看作是"真是形式,善是内容"的自然美景,而是在以发展联系的眼光将所有在我们经验中的自然物纳入到生态世界整体背景之下。在这种生命体验中,存在着当下被感知物与作为闭锁大地的整体自然之间的张力。在这种张力下,我们意识到面对澎湃争涌而深藏不露的自然,我们永远只能对它的一个部分、一个侧面进行体验;而面对无穷无尽的大自然奥秘,我们首先所体会到的就是一种生物多样性之美。生物多样性是指在一定时间和一定地区所有生物(动物、植物、微生物)物种及其遗传变异和生态系统的复杂性总称,它包括遗传(基因)多样性、物种多样性、生态系统多样性和景观生物多样性四个层次。生物物种的多样性、基因的多样性、生存形态的多样性等等提醒我们,无论是鲸鱼浮游或是草木鸟兽,它们都是生命的某种存在样态,其拒绝一切认识论意义

---

① ［德］海德格尔:《存在与时间》,陈嘉映、王庆节译,第83页。

上的简化归纳——在各式种类的生物分类学之前,这些活生生的动植物已经存在于我们的地球之上。"由生物多样性延伸的多样化的生存关系越繁复,组织结构越复杂,种类越多样,能量流动越顺畅,机能构成越是充满活力,互补性能越强烈,就会使生命的存在、生命有机体越蕴积着无穷的活力,同时也使人的生态性的生命体验呈现出斑斓的色彩。"①黑天鹅的发现不仅打破了人类关于鸭科天鹅属的分类,更重要的是让我们了解了自然不可被我们已有经验穷尽的一面。生物的多样性总是在我们自以为掌握了关于自然的全部规律时给我们当头棒喝,并在对新的物种的发现中带给我们情感上对于大自然这个"造物主"的惊颤之感。正是因为这些未知的生物的多样性呈现超出了审美主体的常识之外,人的理性暂时无法用业已掌握的科学认识这些"未知现象",所以主体只好运用感性来统摄这些新的经验,并在对新生事物的感知体验中产生一种关于自然界深邃浩瀚的情感。这点正如梅勒所言:"只有当自然拥有一种不可穷竭其规定性的内在方面,一种谜一般的自我调节性的时候,只有当自然的他者性和陌生化拥有一种深不可测性的时候,那种对非人自然的尊重和敬畏的感性才会树立起来,自然才可能出于它自身的缘故而成为我们所关心照料的对象。"②

当我们以审美的态度走进这些千奇百怪的生物,对它们的感性存在予以充分的体验与察觉后,就意味着我们真正地"看"到了这些自然物的存在(而非认知了自然物的存在者的状况)。在这种生命体验中,我与自然物"结缘",我在赋予该自然物以自在性的同时,也开启了自我生命本身的自由存在路径。"只有此在存在,它就总已经让存在者作为上到手头的东西来照面。此在以自我指引的样式先行领会自身;而此在在其中领会自身的'何所在',就是先行让存在者向之照面的'何所向'。作为让存在者以因缘存在方式来照面的'何所向',自我指引着的领会的'何所在',就是世界现象。而此在向之指引自身的'何所向'的结构,也就是构成世界之为世界的东西。"③从传统审美角度来看,青蛙是丑的,天鹅则是美的。但从生命体验的视野将二者共同纳入到生态关系中进行考量时,我们就会发现,无论是丑的青蛙抑或是美的天鹅,它们都与自我一样,都是一种生命现象的存在,共属于整体的生态圈。这个生态圈正是因为有了美

---

① 盖光:《生态境遇中人的生存问题》,人民出版社 2013 年版,第 126 页。
② [德]U.梅勒:《生态现象学》,柯小刚译,《世界哲学》2004 年第 4 期。
③ [德]海德格尔:《存在与时间》,陈嘉映、王庆节译,第 101 页。

的丑的、大的小的、五颜六色、千奇百怪的生物的存在,才表现出一种生物多样化共存的美感来。这种在生物多样性的普遍联系下的生命体验已不同于形式上的优美,而是对大自然鬼斧神工、造物主式的生命创造力的敬畏与冲动。在生物多样性的生命体验中,"生态家族越丰富,家族成员也越具有较流畅的能量交换、获取及流动渠道,使得人的生存色彩越来越丰富,人就越来越显得富足,人就越来越富有深刻的情意性和生命的意味"①。

生物多样性将我与我所见的青蛙、我未见的其他种类的青蛙和天鹅等物种共同纳入到同一个生态世界中,在这种意蕴的关联下,我才能以因缘的方式同它们的存在照面,才会对浩瀚无限的大自然产生一种敬畏感并在这种感性体验中追寻世界的意义。这种对生物多样性之美的体验乃是对"人类中心主义"的一种反拨,它提醒我们:自然总有超出人类掌控的一面,对待大自然,我们始终要心存敬畏。对于海德格尔而言,人的一切活动都可归之于文化,而文化"始终只是并且永远就是一种栖居的结果"。对于"诗意地栖居",海德格尔认为:"拯救大地、接受天空、期待诸神、护送终有一死者——这四重保护乃是栖居的素朴本质。"②"诗意地栖居"的关键在于拯救大地,使我们从对自然物的工具理性算计中走出来,重返神秘而充满灵性的生态世界的怀抱。"海德格尔并非要人们回到前工业时期的怀旧的理性主义,也并非要人们重新抬起原始先民建立在对自然素朴直观基础上的万物有灵论,对自然事物的敬意将建立在人对自身经验的恢复与信任中,沿着经验的指引寻找关于物的真理,对自然事物的敬意并不妨害人对自我的理性认知,这种存在的态度不妨称之为一种生态灵性的生活态度。"③

将主体对自然的科学认知与理性估价转换为审美的态度,自然便被重新看作是一种灵性的、神秘的存在,这种做法与美国学者格里芬等所提出的后现代建设理论不谋而合。从对现代与后现代的划分入手,格里芬认为:"由于现代范式对当今世界的日益牢固的统治,世界被推上了一条自我毁灭的道路,这种情况只有当我们发展出一种新的世界观和伦理学之后才有可能得到改变。而这就要求现实'世界的返魅'(the reenchantment of the world),后现代范式有助于

---

① 盖光:《生态境遇中人的生存问题》,第 126 页。
② [德]海德格尔:《演讲与论文集》,孙周兴译,第 167～168 页。
③ 王茜:《现象学生态美学与生态批评》,第 77 页。

这一理想的实现。"①"世界的返魅"是针对马克思·韦伯的"世界的祛魅"而言的,在资本主义社会早期,世界的祛魅意味着人(理性)不必再像原始人那样相信神秘力量的存在,也不必诉诸巫术或祈祷神灵去达到自己的目的;人可以通过理性计算来洞察世界的运作法则,进而支配一切事物。而在当下,对世界的祛魅导致的"人是万物之灵""人是自然的主宰"等观念则造成了一种"掠夺性"的伦理学,其不再像泛灵论那样视人与自然为同呼吸共命运的关系,而主张人对自然的绝对控制与主宰。在工业社会里,人不再像陶渊明或湖畔派那样"诗意地栖居",不再通过与自然的律动保持和谐的方法而是通过对自然的支配与控制来追寻自我存在的意义。"世界的祛魅"导致了人与自然亲切感的丧失以及人与自然交流所带来的意义和满足感的丧失,故才有了重新唤醒人对自然的尊重与敬畏的"世界的返魅"的呼吁。

但建构何种样态的世界观和伦理学才能让世界返魅?不同的学者给出了不同的解决方案:格里芬从他的"建设性后现代主义"出发,主张人类与圣神实体重新建立有机关系来克服现代精神的缺陷,但他的神学思想背景却为其理论烙上了浓郁的有神论色彩。我国学者从格里芬的"生态论的存在观"思想出发,在剔除了其中的神学内容而保留了合理内核,结合了海德格尔的哲学理论后,终于提出了带有原创价值的"生态存在论美学观"思想,而这一理论架构也成为了我们研究生态审美经验的范式基础。

与有神论的"世界的返魅"将拯救地球、拯救人类的希望寄托于上帝的救赎不同,我们则主张一种以审美的方式构建生态文明时代的崭新的世界观与伦理学。当我们从生命的视角看待自然界中的每一个自然物时就会发现虽然自然界中的生物多姿多彩、各式各样,但是在这繁纷复杂生物多样性的背后却总有一种统一和谐的存在。这种和谐统一的存在体现为地球生态圈中各物种相互依存的关系状态——无机物、有机物、能量、信息在生态链中的互相转换,万千生物的 DNA 结构的同一性等等的自然现象都被囊括于其中。无论是加拉帕戈斯群岛上不同族群的海鸟,还是东非大草原上的猫科动物,或是马里亚纳海沟中的深海比目鱼,抑或是纽约曼哈顿区的人类,它们都是一种依赖着其他生物而生存的存在者,在它们之上的有一张巨大的有机关系网将它们的全部总和联

---

① [美]大卫·雷·格里芬:《后现代精神》,王成兵译,中央编译出版社 2015 年版,第212页。

系在一起。正如康德所言,在这个自然的有机体中,"一切都是目的而交互地也是手段。在其中,没有任何东西是白费的,无目的的,或是要归之于某种盲目的自然机械作用的"①。当主体以这种有机系统的视角去回看丰富多彩的生态世界时,便会觉得在这里没有一个物种是多余的,没有一个物种是白费的,它们似乎都是地球生态圈这个有机系统不可或缺的组成部分。鱼跃鸢飞、花草鸟兽、冬枯夏荣都似乎处于一种内在的和谐统一中。这就是审美主体用生命体验的眼光将自然界的现象囊括在一个内部要素相互有机关联的生态世界时,我们对此所产生的和谐统一的美感。

海德格尔的"天地神人四方游戏说"为我们开启了一个人与自然万物和谐共生的生态世界。"'四方游戏'是指'此在'在世界之中的生存状态,是人与自然的如婚礼一般的'亲密性'关系,作为与真理同格的美就在这种'亲密性'关系中得以自行置入,走向人的审美的生存。"②无独有偶,中国传统哲学以其浓郁的生命意识、超越意识和宇宙意识而将天、地、人三才和谐地统一在一起,并最终呈现出"天人合一"的最高伦理准则与审美状态,这与海德格尔的生态思想是殊途同归的。以庄子美学为例,无论是大鹏与蜩、学鸠或斥鴳的小大之辩,还是大木与意怠鸟的以"不材"而生存的生态智慧,以及野马、神龟、游鱼的自在逍遥等等,通过这些大小不同、形态各异的生物的对比,庄子想表明的无非就是其在《齐物论》所言的那样:"物固有所然,物固有所可;无物不然,无物不可。故为是举莛与楹,厉与西施,恢恑憰怪,道通为一。其分也,成也;其成也,毁也。凡物无成与毁,复通为一。"(《庄子·齐物论》)世间纷繁复杂的生存样态只是生物生存的表象,在其之上乃是"道"对它们的统摄;仅仅从生活表象中得来审美体验只能让人耳目浑浊,而只有从对"道"的理解中重新审视这些千奇百怪的存在者才能在"大巧若拙"的境遇中领略天地之大美,才能在"天人合一"的宇宙境界中体验到生态世界之美。在这种审美经验中,人不再是自然的主宰,自然不再是被利用的客体,人与自然也不是为上帝所控制的造物。因此,从这个层面出发,生态审美经验中的生命体验是与西方有神论的生态伦理学思想或唯科学主义的机械唯物论相区别的,其更与中国传统哲学智慧具有天然的亲和性。

---

① [德]康德:《判断力批判》,邓晓芒译,第228页。
② 曾繁仁:《当代生态美学观的基本范畴》,《文艺研究》2007年第4期。

最后还有一点要强调的是,在生命体验中展现出的这种关于大自然和谐统一的美感也扭转了我们与自然之关系的转变。在对自然本身和谐统一的这种生态审美体验中,作为整体的自然在成为一个使人惊诧敬重的审美客体的同时,也变成了一个激发作为道德主体之人的伦理对象。但这种自然主体却并不是一个真正有主体能力的实体(否则就像动物中心主义那样),而是出于生命体验般对自然本身崇敬的情感性质的审美寄托。如康德所言:"我们可以看成自然界为了我们而拥有一种恩惠的是,它除了有用的东西之外还如此丰富地施予美和魅力,因此我们才能够热爱大自然,而且能因为它的无限广大而以敬重来看待它,并在这种观赏中自己也感到自己高尚起来:就像自然界本来就完全是在这种意图中来搭建并装饰起自己壮丽的舞台一样。"①正是通过对不同于人类主体认识能力的对自然的情感性敬重与认同,我们对生态的理解才能超越人类中心主义,从而以生态审美的方式、以生命体验的践行将自然本身作为伦理对象纳入到新的世界观与伦理学的建设之上。

第四节 生命体验的案例分析

受基督神学与近代科学理性思维的影响,西方人在思考生态问题上往往会走向两个极端:他们或弘扬绝对的理性精神,主张以唯科学主义的态度分析并解决生态问题,但他们没有意识到:"包括自然无机物在内的整个大自然界都是亿万年所形成的关系密切的大系统。由于近代科学分门别类的局部有限性,使整体的自然系统很难进入科学视野。科学对自然局部的改造所引起的对自然大系统的影响后果,是至今人类也无法完全评估与搞清楚的。"②用科学的进步来解决因科学发展而引起的生态环境问题这种"以毒攻毒"的疗法是否可行还有待时间的回答。与之相反,也有弘扬一种"自然主义的万有在神论"(naturalistic panetheism)的主张,他们坚持认为应该放弃工业革命以来人类所取得的进步与成就而使人类重返前工业时代田园牧歌般的生活方式。但放弃文明而重

---

① [德]康德:《判断力批判》,邓晓芒译,第231页。
② 尤西林:《人文科学导论》,高等教育出版社2002年版,第18页。

返自然显然是现代人难以承受的。正如美国学者菲利普所言:"假定对环境危机的解决意味着回归过去——从都市的梦境里醒过来——却忽视这样一个事实,即我们对环境的理解是通过农业、工业化以及相伴随的科学兴起而引起自然的解体而发生的。换句话说,如果没有环境危机,可能就不会存在环境想象,顶多将只是一种不经意的意识而已。"①如何在承认人类科技文明取得的社会进步基础上,以适当的方式实现"世界的返魅"是摆在生态文明社会建设过程之中的一个难题。

　　而英国科学家詹姆斯·拉伍洛克所提出的"盖娅"假说或许能为上述问题提供一种解决方案。"盖娅"(Gaia)一词源自古希腊,在希腊神话中指代"大地女神"(the Earth Goddess)。20世纪60年代末,英国大气科学家詹姆斯·拉伍洛克首次在地球生命起源研讨会上提出了"盖娅假说"。依据拉伍洛夫的原话,可以把"盖娅"定义为:"包括地球的生物圈、大气圈、海洋和土壤,这些要素的全体组成一个反馈或控制系统,为这个星球上的生命寻找一个最为理想的物理和化学环境。"②拉伍洛夫是依据对火星上的环境比对研究提出这个假说的,该假说主张作为一个整体的地球是活的假设,并从海洋循环、大气循环、无机矿物质循环等方面试图证明这一结论。尽管"盖娅假说"遭到了自然科学界的学者的普遍质疑,但其所提出的"盖娅"概念却受到了社会科学界学者们的普遍欢迎。前者即是一种强盖娅假说,它认为地球本身乃是一个超级有机体,地表的生命存在使得地球的物理和化学条件得以最优化,从而最大限度地满足"盖娅母亲"自身的需要;后者则是一种弱盖娅假说,它强调的是生物对环境有显著的影响,生物进化和环境改变交织在一起,相互影响。无论"盖娅假说"是否可以被科学证伪,重要的是它改变了我们对地球的态度。如学者所言:"无论强弱,盖娅思想有助于提醒人类的关于地球母亲的'本体感受',使人类时刻知道地球由于人类的活动而发生怎样的变化……对于盖娅假说,目前人们多是从科学的角度来审视的,实际上它更多地表现了人与自然关系的新概念。……它与可持续发展、人与自然和谐发展,基本思路是一致的。"③

---

① 王宁:《新文学史》,清华大学出版社2001年版,第310页。

② [英]詹姆斯·拉伍洛克:《盖娅:地球生命的新视野》,肖显静、范祥东译,上海人民出版社2007年版,第13页。

③ 刘华杰:《盖娅假说:从边缘到主流》,《思想战线》2009年第2期。

"盖娅"的概念和生命的概念是完全联系在一起的。因此,为了理解"盖娅"是什么,我首先需要探究这个难懂的概念——生命。

……

我们理所当然地接受这样的想法,即高贵的存在,比如人,是由一套错综复杂且相互联系的细胞群落构成的。我们发现,把国家或民族看作一个由它的人民及其占据的领地构成的存在,也不难。但是,诸如生态系统和"盖娅"等大尺度对象,会是怎样的呢? 或者直接通过宇航员的眼睛,或者间接通过视觉媒介,采用从太空看地球的视角,我们来感知星球,把其上的生物、空气、海洋和岩石都联合成一体,那就是"盖娅"。

"盖娅",这个超级有机体的名称,并不是"生物圈"的同义词。生物圈,被定义为地球上那样的一个部分——生物以常态存在的地方。"盖娅"更不同于生物群(biota),生态群不过是所有生物个体的集合。生物圈和生态群连在一起也只是"盖娅"的一部分而非全部。正如蜗牛背上的壳是蜗牛身体的一部分,岩石、空气和海洋也是"盖娅"的组成部分。正如我们将看到的,"盖娅"具有一种连续性,它的过去可以追溯到生命的起源,未来则不断延伸,只要生命持续存在。"盖娅",作为行星级别的存在,这样一种性质,即仅仅知道个体物种或生活在一起的生物群落,并不一定能辨识它。①

"盖亚假说"的意义在于通过"想象力去审视地球",并在这种崭新的眼光中发现新的意义。首先,盖亚假说把生命看作是一个行星尺度上的现象,突破了传统认知对于生命的看法。如果说生态学的提出是将各个有机物之间以关系性的思维来看待的话,那么"盖亚假说"则更进一步将这种生物间的关系比拟为作为一个生命体内部的部分来看待。如人作为一个整体是一个活物,其身体由各个形态各异、功能差异显著的细胞构成一样,我们也可以将地球本身看作是一个活物或"母亲",而在地球上生存着的各式各样的生物种类则可以比拟为地球母亲的机体细胞构成。不考虑这种看法的科学性,至少其为我们在感性的层面理解大自然与生态世界提供了一种物活论的阐释路径。其次,盖亚假说将地球整体纳入到生命现象来看待的做法,丰富了地球本身的内在价值。科学认

---

① [英]詹姆斯·拉伍洛克:《盖娅时代:地球传记》,肖显静、范祥东译,商务印书馆 2017 年版,第 33~37 页。

知与工具理性提倡对自然万物采取一种简单化、分离性、还原性及因果性的原则来进行认知。而将地球视为盖娅母亲的做法则反其道而行之，它认为地球乃是一个不可被分割的整体，无论是其上的生命、岩石、海洋、大地或天空都是维系它成为一个生命的必要存在条件。这种看法突出的是生态世界的目的性、自我调节性以及智能控制能力。这样，"盖娅"便是一个有自身意识与目的的活体生命，她具有内在价值，而不是人类用以实现自身目的的手段。

但值得注意的是，我们在理解"盖亚理论"时，不应过于强调地球是活的真的属性，这样便容易滑向"自然主义的万有在神论"。正如拉伍洛克所说的那样："'盖娅'既是科学的概念，也是宗教的概念，而且在这两个领域中，它都是可操作的……我们应如何使用'盖娅'概念作为理解上帝的方式？对上帝的坚信是一种信仰活动，而且始终都是一项信仰活动。同样的，试图证明'盖娅'是活的也是多余的。反过来，'盖娅'应该成为我们审视地球、我们人类自身以及我们同其他生灵相互联系的一种方式。"①

"盖娅"强调最多的是个体生物的重要性，始终是通过个体的作用，局部的、区域的以及全球的系统才得以演化。当一个有机体的活动有利于环境和它自身时，它的扩散就会得到支持。最终，有机体和同它紧密相连的环境变化就会变成全球范围的。反过来也是对的。任何危害环境的物种注定走向灭亡，但是生命依然延续。这对现在的人类适用吗？我们会由于破坏自然界而注定灭亡吗？"盖娅"并非有意识地反人类，但是，只要我们继续背离"盖娅"的偏好改变全球环境，我们就是在鼓励一种能更好地适应环境的物种来替代我们。

这一切取决于你和我。如果我们把世界视为超级有机体，我们只是其中一部分，而非拥有者、房客，甚至也不是乘客，那么，我们前面还有很长时间，人类这个物种将活过"配额寿命"（allotted span）。这需要我们在个人行动中采取一种建设性的方式。

"盖娅"是否为真并不是我们关心的重点，重点是通过"盖亚假说"，我们得以重新审视我们的地球与我们自身。这种审视，既不是认识论意义上的，也不是伦理意义上的，而是审美意义上的。"通过一种对自然界的好奇感与归属感，你也

---

① ［英］詹姆斯·拉伍洛克：《盖娅时代：地球传记》，肖显静、范祥东译，第235页。

可以在精神上或灵魂上与'盖娅'产生个别性的互动。在某种意义上,这种互动就像身心的紧密耦合。"①

将地球比拟为活物,将我们自身与其他自然物共同看作是一种生命存在的做法带给我们的是情感的愉悦感,是对生态世界中生命体验的由衷赞叹。"当我们依从这一本能处理和盖娅中的伙伴的关系的时候,我们通过发现得到了回报,那些仿佛正确的做法看上去也赏心悦目并能唤起那些快乐的情感,从而构成了我们的美感。当与我们环境的这种关系被破坏或处理不当时,我们就会有空虚和失落之感。当我们发现年少时常去的那些平静田野——曾经野花遍地,香飘百里,篱笆墙上密密麻麻地点缀着野蔷薇和山楂花——变成了纯粹的麦田,一派杂草不生、平淡无奇的广袤景象时,我们中多数人能体会到那种震惊。这看起来并不与达尔文自然选择的力量相悖,因为一种愉悦感通过鼓励我们在自身与其他生命形式之间实现平衡来回报我们。"②我们与其他生物,与地球盖娅母亲都是一种生命存在,只有通过审美意义的生命体验,通过对大自然由衷的敬畏与赞叹,我们才能真正理解地球与自我本身并以照料者的身份承担我们对这个生态世界应尽的伦理责任。这便是生态美学由美启善的意义之所在。

---

① [英]詹姆斯·拉伍洛克:《盖娅时代:地球传记》,肖显静、范祥东译,第241页。
② [英]詹姆斯·拉伍洛克:《盖娅:地球生命的新视野》,肖显静、范祥东译,第155页。

结　语

　　自 21 世纪伊始,生态美学就成为我国美学研究领域中一种富有生命力的新的理论形态增长点,并越来越引起学界的关注与重视。特别是在新时代加强建设"生态文明社会"、满足人民日益增长的优美生态环境需要的背景下,生态美学几乎成为了最热门的理论前沿阵地,关于生态美学的著述如雨后春笋般增长。众所周知,生态美学的产生有两个原因:一是现实中日益增强的优美自然环境的需要,二是美学学科自身建设的需要。这股"生态美学热"的背后反映出的是当代美学学科反思自身出路,试图打破认识论美学的窠臼,从实际出发、联系人的生存境况而进行美学研究的一种积极性尝试。因此,生态美学实际上便是一门理论与实践并重的交叉学科,其不仅具有传统美学的哲学理论内涵,而且还具有指导人生态审美化生存的实践品质。

　　改革开放 40 余年来,中国社会的建设与发展取得了相当于西方近 200 年的成果,但以经济为主导的发展模式也使我国付出了沉重的代价——西方 200 多年积累的环境问题在这 30 年中集中涌现了出来:雾霾、沙尘暴、重金属污染、水土流失等问题的暴露使得环境保护已不再是政府和企业操心的问题,生态环保已经深入到了人们的日常生活中。特别是在十九大胜利召开之后,树立和践行"绿水青山就是金山银山"的社会主义生态文明观,加强绿色生产和消费、反对奢侈浪费和不合理消费已成为人们的日常生活方式。面对雾霾等空气污染问题,人们意识到其已不仅仅是工业排放污染的问题,而更是一个迫切需要大家改变出行与生活方式的问题。不仅如此,人们身处于这种恶劣的自然环境时,渴望获得一种良性美好的生态体验的愿望也愈发强烈。在这种形式下,以"生态文明建设"为理论指导的生态美学就必须直面当下中国生态环境中的核心问题并考虑人民对良性生存环境的诉求渴望。这就决定了生态美学的理论建设不能是纸上谈兵,而应是一门指导人类如何在审美的情感性体验下唤醒民众的生态意识与环保态度的实践、生存的学科。

另一方面,近百年来我国美学学科的发展取得了从无到有的长足进步,涌现出诸如王国维、宗白华、朱光潜、李泽厚等一大批优秀的美学理论家。但值得注意的是,由于我国特殊的历史语境,我们的美学学科长期拘囿于"实践美学"的话语形态之下。实践美学将主体对于自然的审美看作是"自然的人化"的结果,将"自然美"看作是以真为形式、以善为内容的审美范畴。而随着时代的变迁,原有的理论形态的某些局限性也越来越明晰地呈现出来。例如,就美学理论本身而言,"实践美学"过分强调审美是一种"对象的人化",而忽略了对象、特别是自然本身的价值,容易变现为明显的"人类中心主义"倾向。而在思维方式上,"实践美学"总体上乃是一种主客、身心二分的美学理论,无法对新兴的丰富审美现象作出完满的解释。因此,对这种美学形态的改造与超越已成为当代中国美学理论向前发展的必然趋势。而生态美学从存在论出发、以生态整体主义思考自然的审美问题就是对"实践美学"的一种改造与超越,它是美学学科自身发展的必然产物。

面对现实需求与学科发展的双重需要,我们认为只有重视生态美学中对生态审美经验的研究才能沟通理论与实践的鸿沟,从而真正使生态美学成为一门具有实践指导意义的理论学科。首先,百余年来美学发展向我们展示了美学研究已经从对美的本质或者哲学美学的关注转向了对审美经验、审美现象的研究。而生态美学作为一门新兴的、尚未独立的学科要想获得长足的发展,就必须在为生态审美打下坚实的哲学理论基础后,转向关于具体的、经验性的生态审美体验案例研究,这样的做法不仅是符合美学史发展规律的,而且还以"自下而上"的方式、以丰富的审美经验研究巩固了生态美学的理论根基,这样生态美学就不会成为无水之源、无木之本的理论空中楼阁。其次,生态美学自诞生之初就注定了其乃是一门具有很强的实践指导意义的参与美学。生态审美从一开始就拒绝传统美学静观式的超功利的审美模式,其主张作为审美主体的人全身心地参与到自然世界中,目的是要以审美、感性的方式唤醒人们对自然、对良性生态环境的热爱与向往。因此,我们要想真正使生态美学走向人们的现实生活,使生态审美体验成为人人能够理解并且向往获得的审美享受,那就必须从每个人活生生的关于生态自然的审美经验出发,弥补个人美感体验与抽象理论概述之间的裂缝。我们在拥有了丰富的生态审美体验之后,才能促成我们的生态式生存与存在,才能真正理解生态美学丰富的思想内涵,这时生态美学才能真正走出理论家的书斋,继而成为一门具有实践品质与现实指导意义的人文学科。本书只是从笔者自身的理解出发,试图对丰富多彩的生态审美经验的发生过程进行理论性质的描述与阐释,但是如果能从这种尝试中唤醒人们的生态审美向性或者学界对生态审美经验问题研究的重视,那么这种抛砖引玉的赘言便是值得的。

参考文献

一、专著

《马克思恩格斯全集》，人民出版社 1972 年版。

《马克思恩格斯选集》，人民出版社 1995 年版。

马克思：《德意志意识形态》，人民出版社 1961 年版。

马克思：《1844 年经济学哲学手稿》，人民出版社 1985 年版。

恩格斯：《自然辩证法》，人民出版社 1971 年版。

习近平：《决胜全面建设小康社会　夺取新时代中国特色社会主义伟大胜利——在中国共产党第十九次全国代表大会上的报告》，人民出版社 2017 年版。

[爱尔兰]德尔默·莫兰：《现象学：一步历史的和批评的导论》，李幼燕译，中国人民大学出版社 2017 年版。

[波兰]罗曼·英伽登：《对文学的艺术作品的认识》，陈燕谷、晓未译，中国文联出版公司 1988 年版。

[波兰]瓦迪斯瓦夫·塔塔尔凯维奇：《西方六大美学观念史》，刘文潭译，上海译文出版社 2013 年版。

[丹麦]丹·扎哈维：《胡塞尔现象学》，李忠伟译，上海译文出版社 2007 年版。

[德]恩斯特·海克尔:《宇宙之谜》,解雅乔译,内蒙古人民出版社 2010 年版。

[德]冈特·绍伊博尔德:《海德格尔分析新时代的科技》,宋祖良译,中国社会科学出版社 1993 年版。

[德]海德格尔:《存在与时间》,陈嘉映、王庆节译,三联书店 2014 年版。

[德]海德格尔:《林中路》,孙周兴译,上海译文出版社 2004 年版。

[德]海德格尔:《尼采》,孙周兴译,商务印书馆 2014 年版。

[德]海德格尔:《演讲与论文集》,孙周兴译,三联书店 2005 年版。

[德]黑格尔:《美学》,朱光潜译,商务印书馆 1997 年版。

[德]胡塞尔:《纯粹现象学通论》,李幼蒸译,商务印书馆 2015 年版。

[德]胡塞尔:《笛卡尔沉思与巴黎演讲》,张宪译,人民出版社 2008 年版。

[德]胡塞尔:《经验与判断》,邓晓芒、张廷国译,三联书店 1999 年版。

[德]胡塞尔:《逻辑研究》,倪梁康译,商务印书馆 2015 年版。

[德]胡塞尔:《内时间意识现象学》,倪梁康译,商务印书馆 2014 年版。

[德]胡塞尔:《欧洲科学的危机与超越论的现象学》,王炳文译,商务印书馆 2017 年版。

[德]胡塞尔:《现象学的方法》,倪梁康译,上海译文出版社 1994 年版。

[德]胡塞尔:《现象学观念》,倪梁康译,商务印书馆 2016 年版。

[德]胡塞尔:《现象学心理学》,李幼蒸译,中国人民大学出版社 2015 年版。

[德]康德:《纯粹理性批判》,邓晓芒译,人民出版社 2004 年版。

[德]康德:《判断力批判》,邓晓芒译,人民出版社 2002 年版。

[德]康德:《实用人类学》,邓晓芒译,重庆出版社 1987 年版。

[德]莫里茨·盖格:《艺术的意味》,艾彦译,华夏出版社 1999 年版。

[德]尼采:《权力意志》,张念乐、凌素心译,商务印书馆 1996 年版。

[法]伏尔泰:《哲学词典》,王燕生译,商务印书馆 1997 年版。

[法]克莱德·阿莱格尔:《城市生态,乡村生态》,陆亚东译,商务印书馆 2003 年版。

[法]米盖尔·杜夫海纳:《美学与哲学》,孙非译,中国社会科学出版社 1985 年版。

[法]米盖尔·杜夫海纳:《审美经验现象学》,韩树站译,文化艺术出版社 1996 年版。

[法]莫里斯·梅洛-庞蒂:《行为的结构》,杨大春、张尧均译,商务印书馆 2010 年版。

[法]莫里斯·梅洛-庞蒂:《可见的与不可见的》,罗国祥译,商务印书馆 2008 年版。

[法]莫里斯·梅洛-庞蒂:《哲学赞词》,杨大春译,商务印书馆 2000 年版。

[法]莫里斯·梅洛-庞蒂:《知觉的首要地位及其哲学结论》,王东亮译,三联书店 2002 年版。

[法]莫里斯·梅洛-庞蒂:《知觉现象学》,姜志辉译,商务印书馆 2001 年版。

[芬兰]约·瑟帕玛:《环境之美》,武小西、张宜译,湖南科学技术出版社 2006 年版。

[古希腊]柏拉图:《柏拉图全集》,王晓朝译,人民出版社 2003 年版。

[古希腊]亚里士多德:《灵魂与其他》,吴鹏寿译,商务印书馆 1999 年版。

[加]艾伦·卡尔松:《环境美学——关于自然、艺术与建筑的鉴赏》,杨平译,四川人民出版社 2006 年版。

[美]阿诺德·柏林特:《美学再思考——激进的美学与艺术学论文》,肖双荣译,武汉大学出版社 2010 年版。

[美]阿诺德·柏林特:《环境美学》,张敏、周雨译,湖南科学技术出版社 2006 年版。

[美]阿诺德·贝林特:《艺术与介入》,李媛媛译,商务印书馆 2013 年版。

[美]阿诺德·柏林特:《环境与艺术:环境美学的多维视角》,刘悦笛等译,重庆出版社 2006 年版。

[美]奥尔多·利奥波德:《沙乡年鉴》,侯文蕙译,商务印书馆 2016 年版。

[美]保罗·泰勒:《尊重自然:一种环境伦理学理论》,雷毅译,首都师范大学出版社 2010 年版。

[美]大卫·雷·格里芬:《后现代精神》,王成兵译,中央编译出版社 2015 年版。

[美]大卫·雷·格里芬:《后现代科学》,马季方译,中央编译出版社 1998 年版。

[美]德内拉·梅多斯:《增长的极限》,李涛、王智勇译,机械工业出版社 2006 年版。

[美]赫伯特·施皮格伯格:《现象学运动》,王炳文、张金言译,商务印书馆 2011 年版。

[美]霍尔姆斯·罗尔斯顿:《哲学走向荒野》,刘耳、叶平译,吉林人民出版社 2000 年版。

[美]卡洛琳·麦茜特:《自然之死》,吴国盛译,吉林人民出版社 1999 年版。

[美]莱切尔·卡逊:《寂静的春天》,吕瑞兰译,吉林人民出版社 1999 年版。

[美]理查德·桑内特:《肉体与石头》,黄煜文译,上海译文出版社 2011 年版。

[美]理查德·舒斯特曼:《身体意识与身体美学》,程相占译,商务印书馆 2014 年版。

[美]理查德·舒斯特曼:《生活即审美:审美经验和生活艺术》,彭锋译,北京大学出版社 2007 年版。

[美]理查德·舒斯特曼:《实用主义美学》,彭锋译,商务印书馆 2012 年版。

[美]罗德里克·弗雷泽·纳什:《大自然的权利》,杨通进译,青岛出版社 1999 年版。

[日]鹫田清一:《梅洛庞蒂认识论的割断》,刘绩生译,河北教育出版社 2001 年版。

[英]J. G. 弗雷泽:《金枝》,汪培基译,商务印书馆 2013 年版。

[英]雷蒙·威廉斯:《关键词》,刘建基译,三联书店 2005 年版。

[英]李约瑟:《李约瑟文集》,陈养正等译,辽宁科学技术出版社 1986 年版。

[英]马尔霍尔:《海德格尔与〈存在与时间〉》,校盛译,广西师范大学出版社 2007 年版。

[英]迈克·费瑟斯通:《消费文化与后现代主义》,刘精明译,译林出版社 2000 年版。

[英]詹姆斯·拉伍洛克:《盖娅:地球生命的新视野》,肖显静、范祥东译,上海人民出版

社 2007 年版。

[英]詹姆斯·拉伍洛克:《盖娅时代:地球传记》,肖显静、范祥东译,商务印书馆 2017 年版。

曾繁仁:《生态存在论美学论稿》,吉林人民出版社 2009 年版。

曾繁仁:《生态美学导论》,商务印书馆 2010 年版。

曾繁仁:《生态美学基本问题研究》,人民出版社 2015 年版。

曾繁仁:《中西对话中的生态美学》,人民出版社 2012 年版。

曾繁仁:《转型期的中国美学》,商务印书馆 2007 年版。

陈嘉映:《海德格尔哲学概论》,商务印书馆 2016 年版。

陈湘主编:《自然美景随笔》,湖北人民出版社 1994 年版。

陈寅恪:《金明馆丛稿初编》,三联书店 2001 年版。

范玉刚:《睿思与歧误——一种对海德格尔技术之思的审美解读》,中央编译出版社 2005 年版。

方东美:《先生演讲集》,台湾黎明文化公司 1986 年版。

冯友兰:《中国哲学史新编》,人民出版社 1998 年版。

盖光:《生态境遇中人的生存问题》,人民出版社 2013 年版。

何怀宏:《生态伦理:精神资源与哲学基础》,河北大学出版社 2002 年版。

季芳:《从生态实践到生态审美》,人民出版社 2011 年版。

蒋孔阳、朱立元主编:《西方美学通史》,上海文艺出版社 1999 年版。

雷毅:《深层生态学思想研究》,清华大学出版社 2002 年版。

李培超:《伦理拓展主义的颠覆:西方环境思潮研究》,湖南师范大学出版社 2004 年版。

李泽厚:《华夏美学·美学四讲》,三联书店 2008 年版。

李泽厚:《批判哲学的批判》,人民出版社 1979 年版。

林育真、付荣恕:《生态学》,科学出版社 2011 年版。

刘恒建:《美学的三维视界》,陕西师范大学出版社 2003 年版。

刘彦顺编:《生态美学读本》,北京大学出版社 2011 年版。

卢政:《中国古典美学的生态智慧研究》,人民出版社 2016 年版。

鲁枢元:《生态批评的空间》,华东师范大学出版社 2009 年版。

鲁枢元:《生态文艺学》,陕西人民教育出版社 2000 年版。

蒙培元:《人与自然》,人民出版社 2004 年版。

牟宗三:《中西哲学之会通十四讲》,上海古籍出版社 1997 年版。

倪良康编译:《胡塞尔选集》,三联书店 1996 年版。

倪梁康:《胡塞尔现象学概念通释》,商务印书馆 2016 年版。

倪梁康:《现象学的始基——胡塞尔〈逻辑研究〉释要》,中国人民大学出版社 2009 年版。

倪梁康:《现象学及其效应——胡塞尔与当代德国哲学》,三联书店 1996 年版。

倪梁康编:《面向事实本身:现象学经典文选》,东方出版社 2000 年版。

倪梁康主编:《中国现象学与哲学评论》(第二辑),上海译文出版社 1998 年版。

倪梁康主编:《中国现象学与哲学评论》(第四辑),上海译文出版社 2001 年版。

钱穆:《中国文化导论》,商务印书馆 1984 年版。

苏国勋:《理性化及其限制——韦伯思想引论》,上海人民出版社 1988 年版。

孙儒泳:《普通生态学》,高等教育出版社 1993 年版。

孙周兴编译:《海德格尔选集》,三联书店 1996 年版。

滕守尧:《审美心理描述》,中国社会科学出版社 1985 年版。

王宁:《新文学史》,清华大学出版社 2001 年版。

王茜:《现象学生态美学与生态批评》,人民出版社 2014 年版。

王晓华:《身体美学导论》,中国社会科学出版社 2016 年版。

王正平:《环境哲学:环境伦理学的跨学科研究》,上海教育出版社 2014 年版。

徐恒醇:《生态美学》,陕西人民教育出版社 2000 年版。

杨辛、甘霖:《美学原理》,北京大学出版社 2010 年版。

叶秀山:《美的哲学》,东方出版社 1991 年版。

尤西林:《人文科学导论》,高等教育出版社 2002 年版。

袁鼎生:《超循环:生态方法论》,科学出版社 2010 年版。

张宝贵:《西方审美经验观念史》,上海交通大学出版社 2011 年版。

张汝伦:《〈存在与时间〉释义》,上海人民出版社 2014 年版。

张祥龙:《从现象学到孔夫子》,商务印书馆 2001 年版。

张祥龙:《海德格尔思想与中国天道》,三联书店 1996 年版。

张祥龙:《现象学导论七讲——从原著阐发原意》,中国人民大学出版社 2011 年版。

张尧均:《隐喻的身体:梅洛庞蒂身体现象学研究》,中国美术学院出版社 2006 年版。

张云鹏、胡艺珊:《现象学方法与美学——从胡塞尔到杜夫海纳》,浙江大学出版社 2007 年版。

张志国:《审美的观念——以胡塞尔现象学为始基》,中国社会科学出版社 2013 年版。

周忠昌:《创造心理学》,中国青年出版社 1986 年版。

朱立元主编:《西方美学思想史》,上海人民出版社 2009 年版。

宗白华:《宗白华全集》,安徽教育出版社 1995 年版。

二、期刊论文

[德]U. 梅勒:《生态现象学》,柯小刚译,《世界哲学》2004 年第 4 期。

[俄]曼卡夫斯卡娅：《国外生态美学》，由之译，《国外社会科学》1992 年第 11、12 期。

[美]伊恩·汤姆森：《现象学与环境哲学交汇下的本体论与伦理学》，曹苗译，《鄱阳湖学刊》2012 年第 5 期。

[匈牙利]M. 费赫：《现象学、解释学、生命哲学——海德格尔与胡塞尔、狄尔泰及雅斯贝尔斯遭遇》，朱松峰译，《世界哲学》2005 年第 3 期。

曹章庆：《论陶渊明田园诗的精神生态》，《浙江社会科学》2008 年第 7 期。

曾繁仁：《"天人合一"——中国古代的"生命美学"》，《社会科学家》2016 年第 1 期。

曾繁仁：《当代生态美学观的基本范畴》，《文艺研究》2007 年第 4 期。

曾繁仁：《关于"生态"与"环境"之辩——对于生态美学建设的一种回顾》，《求是学刊》2015 年第 1 期。

曾繁仁：《论生态美学与环境美学的关系》，《探索与争鸣》2008 第 5 期。

曾繁仁：《生态存在论美学视野中的自然之美》，《文艺研究》2011 年第 6 期。

曾繁仁：《生态美学：后现代语境下崭新的生态存在论美学观》，《陕西师范大学学报》（哲学社会科学版）2002 年第 3 期。

曾繁仁：《生态美学研究的难点和当下的探索》，《深圳大学学报》（人文社会科学版）2005 年第 1 期。

曾繁仁：《生态现象学方法与生态存在论审美观》，《上海师范大学学报》（哲学社会科学版）2011 年第 1 期。

曾繁仁：《试论当代存在论美学观》，《文学评论》2003 年第 3 期。

曾繁仁：《再论作为生态美学基本哲学立场的生态现象学》，《求是学刊》2014 年第 5 期。

陈国雄：《环境体验的审美描述——环境美学视野中的审美经验剖析》，《郑州大学学报》（哲学社会科学版）2014 年第 6 期。

陈嘉明：《意识现象学所予性与本质直观——对胡塞尔现象学的有关质疑》，《中国社会科学》2012 年第 11 期。

陈望衡：《环境美学是什么》，《郑州大学学报》（哲学社会科学版）2014 年第 1 期。

陈望衡：《生态美学及其哲学基础》，《陕西师范大学学报》（哲学社会科学版）2001 年第 2 期。

程相占：《生态智慧与地方性审美经验》，《江苏大学学报》（社会科学版）2005 年第 4 期。

邓志祥：《曾繁仁生态存在论美学观及其创新意义》，《学习与探索》2017 年第 12 期。

董志刚：《虚假的美学——质疑生态美学》，《文艺理论与批评》2008 年第 4 期。

盖光：《论生态审美体验》，《学术研究》2007 年第 3 期。

高宣扬：《生命的实际性及其反思性诠释——纪念海德格尔著〈存在与时间〉出版 90 周年》，《学海》2017 年第 5 期。

黎昔柒:《超越与局限:胡塞尔的"本质直观"透视》,《科学技术哲学研究》2017 年第 6 期。

李大西:《生态美感的顿然获得与渐入》,《社会科学战线》2007 年第 2 期。

李欣复:《论生态美学》,《南京社会科学》1994 年第 12 期。

刘成纪:《生态美学的理论危机与再造路径》,《陕西师范大学学报》(哲学社会科学版)2011 年第 2 期。

刘华杰:《盖娅假说:从边缘到主流》,《思想战线》2009 年第 2 期。

刘彦顺:《从"时间性"论生态美学对象的完整性》,《山东社会科学》2013 年第 5 期。

刘彦顺:《身体快感与生态审美哲学的逻辑起点》,《天津社会科学》2008 年第 3 期。

卢云坤、姬兴江:《海德格尔与生命哲学——一种基于"存在论"的历史性考察》,《学术探索》2010 年第 4 期。

罗祖文:《试论曾繁仁的生态美学思想》,《鄱阳湖学刊》2012 年第 2 期。

彭锋:《从普遍联系到完全孤立——兼谈生态美学如何可能》,《江苏大学学报》(社会科学版)2005 年第 6 期。

宋祖良:《海德格尔与当代西方的环境保护主义》,《哲学研究》1993 年第 2 期。

宋祖良:《如何恰当理解海德格尔的后期思想》,《哲学研究》1995 年第 4 期。

孙丽君:《生态视野中的审美经验——以现象学为基点》,《社会科学家》2011 年第 9 期。

谭好哲:《二十世纪五六十年代美学大讨论的学术意义》,《清华大学学报》(哲学社会科学版)2012 年第 3 期。

王梦湖:《生态美学——一个时髦的伪命题》,《西北师大学报》(社会科学版)2010 年第 2 期。

王亚娟:《梅洛-庞蒂:颠覆意识哲学的自然之思》,《哲学研究》2011 年第 10 期。

肖光明、吴楚材:《我国森林浴的旅游开发利用研究》,《北京第二外国语学院学报》2008 年第 3 期。

徐碧辉:《从实践美学看"生态美学"》,《哲学研究》2005 年第 9 期。

袁鼎生:《生态美的系统生成》,《文学评论》2006 年第 2 期。

袁鼎生:《生态美感的本质与结构》,《中南民族大学学报》(人文社会科学版)2008 年第 5 期。

张祥龙:《海德格尔与中国哲学:事实、评估和可能》,《哲学研究》2009 年第 8 期。

张永清:《现象学的本质直观理论对美学研究的方法论意义》,《人文杂志》2003 年第 2 期。

朱志荣:《论实践美学发展的必然性》,《湖北大学学报》(哲学社会科学版)2008 年第 3 期。

朱志荣:《中国美学的"天人合一"观》,《西北师大学报》(社会科学版)2005 年第 2 期。

三、外文文献

Aristotle. *De Anima*. London: Penguin Books Ltd,1986.

Descartes. *Key Philosophical Writings. Hertfordshire*: Wordsworth EditionsLtd, 1997.

Friedrich Nietzsche. *Thus Spake Zarathustra Herfordshire*. Wordsworth Edition Limited,1993.

Gary Brent Madisom: *he Phenomenology of Merleeau-Ponty*. Ohio University Press,1981.

Heidegger. *Grund problem der Phänomenologie*,Gesamausgabe,Bd. 58.

Heidegger: *Phänomenologie der Anschauung and des Ausdruchs*. Theorie der philosophischen Begriffsbildung,Gesamtausgabe,Bd. 59.

Husserl,*Ding and Raum*,Vorlesungen: nrsg. Von U. Claesges,1973.

Juliea Offray De La Meterie. *Man A Machine*. Memphis: General Books,2011.

Richard Shusterman. *Pragmatist Aesthetics*: *Living Beauty,Rethinking Art*. New York & London: Littlefield Publishers,2000.

Richard Shusterman. *The End of Aesthetic Experience*. The Journal of Aesthetic and Art Criticism 55. Wiley,1997.

Robert C. Stanffer: *"Haeckel,Darwin,and Ecology"*,The Quarterly Review of Biology,1957.

Robert Stecker. *Aesthetic Experience and Aesthetic Value*. Philosophy Compass,2006.

Scott Lash. *Experience,Theory*. Culture & Society,2006 .

Terry Eagleton. *The Idelogy of Aesthetics*. Oxford: Blackwell Publishing,1990.

Theodore Kisiel: *The Genesis of Heidegger's Being and Time*. Berkley,Los Angels, London,University of California Press,1993.